AF567697

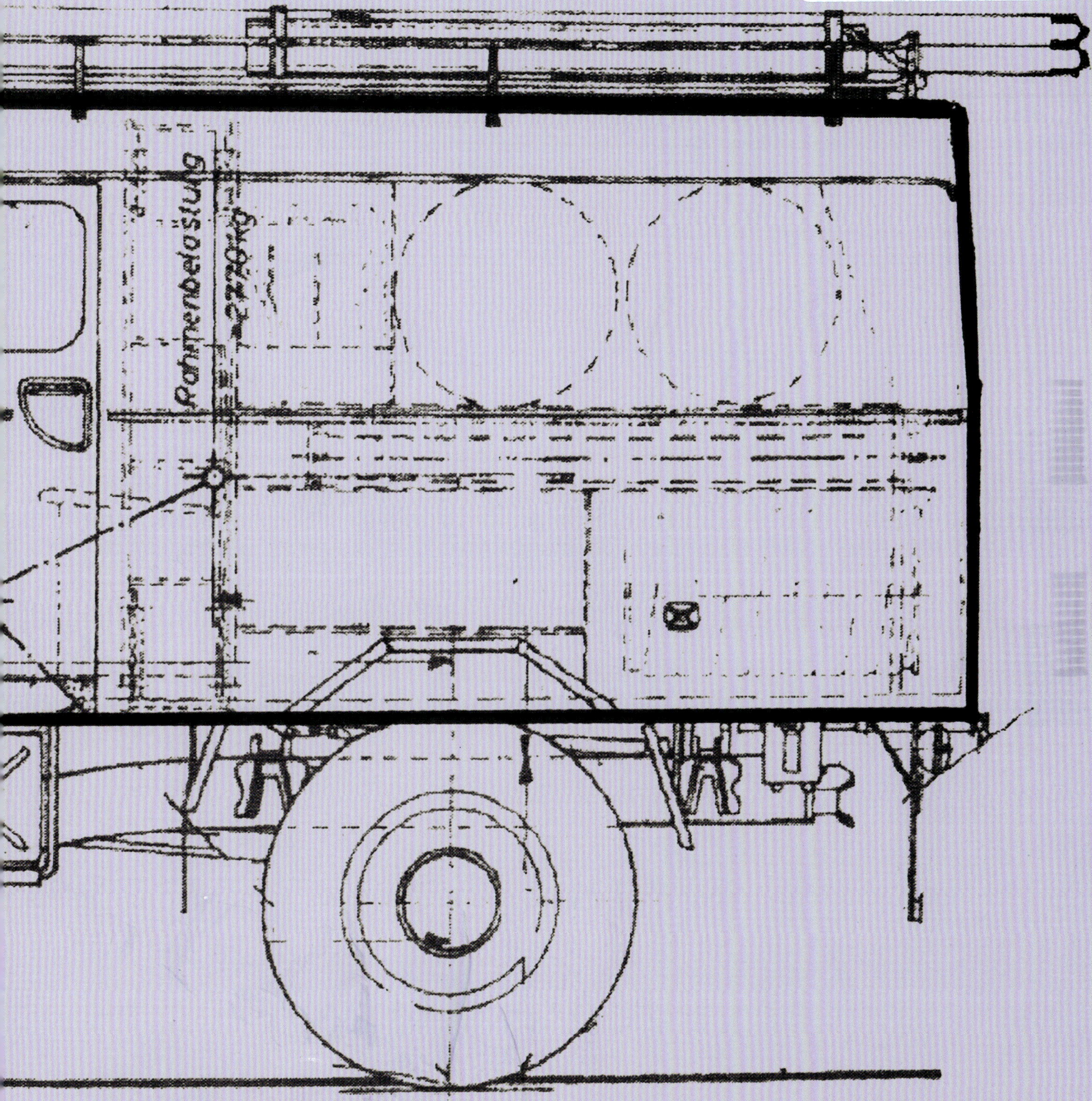

Unimog im Einsatz

Carl-Heinz Vogler

UNIMOG im Einsatz

Die Fahrzeug-Legende bei Feuerwehr, THW, Polizei, Militär und vielen anderen Diensten

Inhaltsverzeichnis

Historischer Feuerwehr-Unimog 2010
am Murgufer in Gaggenau.

Seit über 75 Jahren steht der Name Unimog für Vielseitigkeit, Zuverlässigkeit und höchste Belastbarkeit. Und in diesem Zeitraum wird der Unimog wegen seiner Variantenvielfalt bewundert, sowie auch für andere allradbetriebene Fabrikate als Vorbild herangezogen. Heute ist das Universalmotorgerät mit allen seinen Anbaumöglichkeiten eine automobile Legende.

Der Unimog entstand Ende der 1940er-Jahre mit den Zielgruppen Land- und Forstwirtschaft. Nach wenigen Jahren eroberte er auch den kommunalen Winterdienst, die Feuerwehren und das Baugewerbe. Er bewährte sich als Transportfahrzeug, Geräteträger und als Arbeitsmaschine. Der Autor, aufgewachsen am Bodensee, hatte bereits 1956 ersten Kontakt zum Unimog. Damals war es im Dorf ein tannengrüner Unimog 401 Cabrio, mit Sitzbänken für vier bis fünf Feuerwehrleute und zusätzlich mit einem Schlauch- und Spritzenanhänger. Was bis dahin ein Traktor leistete, erledigte nun der wesentlich schnellere Einsatzwagen der Feuerwehr. In den Wintermonaten räumte dieser mittels Schneeketten ausgerüstete Unimog mit einem Keilpflug die zum Teil steilen Straßen. Gelegentlich durfte ich als Steppke auch mitfahren.

Als Unimog-Buchautor habe ich bis heute in vielen Magazinen und Büchern alle Unimog-Baureihen beschrieben. Besonders reizvoll war nun der neue Auftrag von der GeraMond Media GmbH zu diesem Buch »UNIMOG im Einsatz«. Es sollte dabei primär um die Anwender und um Einsätze gehen. Oder besser noch um diejenigen Themen, für die der Unimog ursprünglich und später gebaut wurde. Der Fokus zum Buch liegt bei Einsätzen wie den Feuerwehren, THW, Polizei/Grenzschutz, SAR, Militär. Aber auch andere Verwendungen wie zum Beispiel der Zweiwege-Unimog bei den Bahnen oder als Schlepper auf dem Vorfeld der Flughäfen sind von Interesse.

Für mich als Autor sind die Berichte über Einsätze vor Ort Neuland. Natürlich war ich schon früher als Konstrukteur bei Erprobungen und Geräteeinsätzen mit dabei. Aber dieses Wissen reichte nicht für die Erstellung des gewünschten Buches. Sehr schnell wurde mir für diesen Auftrag klar, dass ich intensive Kontakte zu den Feuerwehren, THW, Polizei oder SAR herstellen musste. Hinzu kam das Studium von Fachliteratur, die Kommunikation mit den genannten Berufsgruppen. Während Besuchen bei Feuerwehren und THW hatte ich mir die Chance erarbeitet, einen Inhalts- beziehungsweise Masterplan zu erstellen. Besonders spannend waren die Unimog-Geländefahrschulen für Mitarbeiter von Feuerwehren und für den ASB auf einem Gelände der Daimler Truck AG. Das vorliegende Buch wäre aber ohne die Unterstützung von Experten und Bekannten aus der Unimog-Szene nicht möglich gewesen. Dabei möchte ich mich besonders beim THW aus Lahr sowie den Feuerwehr-Firmen Rosenbauer und Schlingmann bedanken. Weiterhin unterstützten mich regionale Feuerwehren. Ein ganz herzliches Dankeschön für die Fotos geht an Christian Stipeldey (SAR), an Ralf Maile und Dirk Armbruster. Und wieder einmal konnte ich auf viele Tausend Fotos, Grafiken und Zeichnungen aus meinem privaten Unimog-Archiv zurückgreifen.

Frühjahr 2023
Carl-Heinz Vogler

Werbeillustration: Unimog im Einsatz

1 Dienst bei der Feuerwehr

Zur Geschichte

Erste Feuerwehren Erst ab den 1930er-Jahren begann in Deutschland eine nennenswerte technische und organisatorische Verbesserung der Brandbekämpfung.

Zuständigkeit Das Brandschutzwesen und damit die Organisation der Feuerwehr unterliegt in Deutschland der Gesetzgebung der Bundesländer. Grundsätzlich lehnt sich die Gliederung der Freiwilligen Feuerwehr (FF) jedoch an die jeweiligen Strukturen der Städte, Gemeinden, Verbandsgemeinden usw. an. Dabei hat jede Kommune eine Freiwillige Feuerwehr, die jedoch meist an mehreren Standorten vertreten ist. Die personelle und materielle Ausrüstung z. B. mit Feuerwehrfahrzeugen richtet sich dabei nach dem vor Ort im Zuständigkeitsbereich des jeweiligen Feuerwehrstandortes befindlichen Gefahrenpotential aus Einwohnerzahl, Industrie- und Gewerbebetrieben und Verkehrsinfrastruktur.

Eine Million Feuerwehrleute Rund 22.000 Freiwillige Feuerwehren (FF) bilden heute das Rückgrat des Brandschutzes in Deutschland. Darüber hinaus übernehmen sie zahlreiche weitere Aufgaben in der Prävention, im Rettungswesen und Katastrophenschutz. Daraus leiten sich folgende Feuerwehr-Basisaufgaben ab:

- *Löschen:* Die Feuerwehr löscht alle Brände (Häuser, Fabriken, Autos, Wald, etc.).
- *Bergen:* Die Feuerwehr muss Menschen und Tiere aus Gebäuden oder Unfallautos bergen.
- *Schützen*: Die Feuerwehr schützt Menschen und Gebiete, bei Katastrophen (Ölpest, Hochwasser, Einsturz).
- *Retten:* Die Feuerwehr rettet Menschen und Tiere aus vielen kritischen Situationen.

Historisches Mercedes-Benz Löschfahrzeug mit Metz-Aufbau von 1938. Die Gaggenauer Feuerwehr nennt das Fahrzeug liebevoll »Oma«.

Zahlen und Fakten (Deutschland)

Anzahl der Freiwilligen Feuerwehren	22.000
Aktive Mitglieder	1.000.000
Davon Frauen	105.000
Fahrzeuge	ca. 70.000

Feuerwehrfahrzeuge als Revolution im Feuerwehrwesen

Den Anstoß für einen entscheidenden Entwicklungsschritt gaben die Erfindungen des Verbrennungsmotors und des Automobils in der zweiten Hälfte des 19. Jahrhunderts. Dies ermöglichte leistungsfähigere und flexiblere Antriebe, die zudem für die sogenannten Motorspritzen genutzt wurden. 1906 bauten die Benzwerke in Mannheim das vermutlich erste Feuerwehrfahrzeug mit einem 40-PS-Vierzylindermotor.

Ein Unimog-Vorgänger Dieser Mercedes-Benz L 1500 S, Baujahr 1941, der FF Markdorf-Bodenseekreis wurde früher im Umkreis von zehn Kilometern als leichtes Löschgruppenfahrzeug (LLG), mit der Besatzung 1/8, eingesetzt. Im »Dritten Reich« gehörte das Fahrzeug der Feuerlöschpolizei. Die Farbgebung »Tannengrün«, heute RAL 6009, war zur Zeit des Nationalsozialismus, bei der Feuerlöschpolizei die Standardfarbe. Nach 1945 wurde der 60-PS-Mercedes rot lackiert und war bis 1974 in Markdorf im Einsatz. 1984 erfolgte eine Restaurierung, um den Urzustand wieder herzustellen.

Wo stehen wir aktuell?

Die Feuerwehren haben nicht nur Brände zu löschen, vielmehr gilt heute fast jeder zweite Einsatz der technischen Hilfeleistung, sei es bei Unfällen im Straßenverkehr oder bei Einsätzen im Umwelt- oder Strahlenschutz. Heute sind die hochentwickelten und genormten Feuerwehrfahrzeuge sehr stark den jeweiligen Einsatzgebieten zugeordnet. Je nach Einsatzzweck werden verschiedene Spezialfahrzeuge gebaut und ausgerüstet.

Zum Beispiel:

- Klassische Löschfahrzege gibt es in vielen Varianten
- Löschgruppenfahrzeuge für den Personaltransport
- Tanklöschfahrzeuge, die in einem großen Tank Löschmittel bereitstellen
- Drehleiterfahrzeuge erreichen auch hoch gelegene Brandherde und Einsatzorte
- Einsatzleitwagen und Kommandowagen für Einsatzkoordination
- Gerätewagen und andere Spezialfahrzeuge tragen der Realität Rechnung, dass die Feuerwehr weit mehr leisten muss, als »nur« Brände zu löschen.

Nicht vom Unimog-Band und trotzdem Geschwister. Mittelschwerer Mercedes-Benz-Lkw Typ 322 als Rüstwagen.

Feuerwehren haben interdisziplinäre Aufgaben

Man kann die Frage »was macht eigentlich eine Feuerwehr« nicht so einfach beantworten. Mit den Basisbegriffen, wie löschen und bergen, alleine ist es nicht getan. Die Feuerwehr ist entweder eine berufsmäßige oder freiwillige Organisation. Die betreffenden Gemeinden unterhalten die Feuerwehr mit der Aufgabe, bei Bränden, Unfällen, Überschwemmungen, Großveranstaltungen und ähnlichen Ereignissen Hilfe zu leisten, d. h. Menschen, Tiere und Sachwerte zu retten, zu löschen, zu bergen und zu schützen, wobei der Menschenrettung die oberste Priorität zukommt.

Zusammenarbeit mit anderen Stellen Eine interdisziplinäre Struktur und deren vielschichtige Aufgaben ist Voraussetzung für die Zusammenarbeit mit DRK, THW, DLRG, Polizei u.v.a.m.

Dabei ist die reibungslose Kommunikation einer der wichtigsten Bausteine, um erfolgreich agieren zu können. Je nach Bevölkerungsstruktur und -dichte sind die Strukturen der Feuerwehrorganisationen unterschiedlich. In Deutschland, in Österreich und in Südtirol decken die Freiwilligen Feuerwehren (FF) (vor allem auf dem Land und in kleineren Gemeinden) den größten Teil des Brandschutzes ab.

Fahrzeuge sind Teil der Feuerwehrtechnik

Die Feuerwehrfahrzeuge haben sich nach dem Zweiten Weltkrieg sehr stark zum Vorteil für die Feuerwehren entwickelt.

Hier ein Beispiel. Diese Unimog-Fahrzeuge rechts im Bild liegen im Alter 70 Jahre auseinander. Wir werden in diesem Buch keine großen Spezial- oder Leiterfahrzeuge oder Fahrzeuge mit 6 x 6 bzw. 8 x 4 Antriebe aufzeigen, sondern bleiben – dem Thema des Buches entsprechend – beim Unimog.

Oben – **1952**: Unimog Baureihe 2010 (25 PS) mit Metz-Vorbaupumpe

Unten – **2023**: Hightech-Unimog, Baureihe 437.4 UHE (230 bis 350 PS)

Unimog Basiswissen

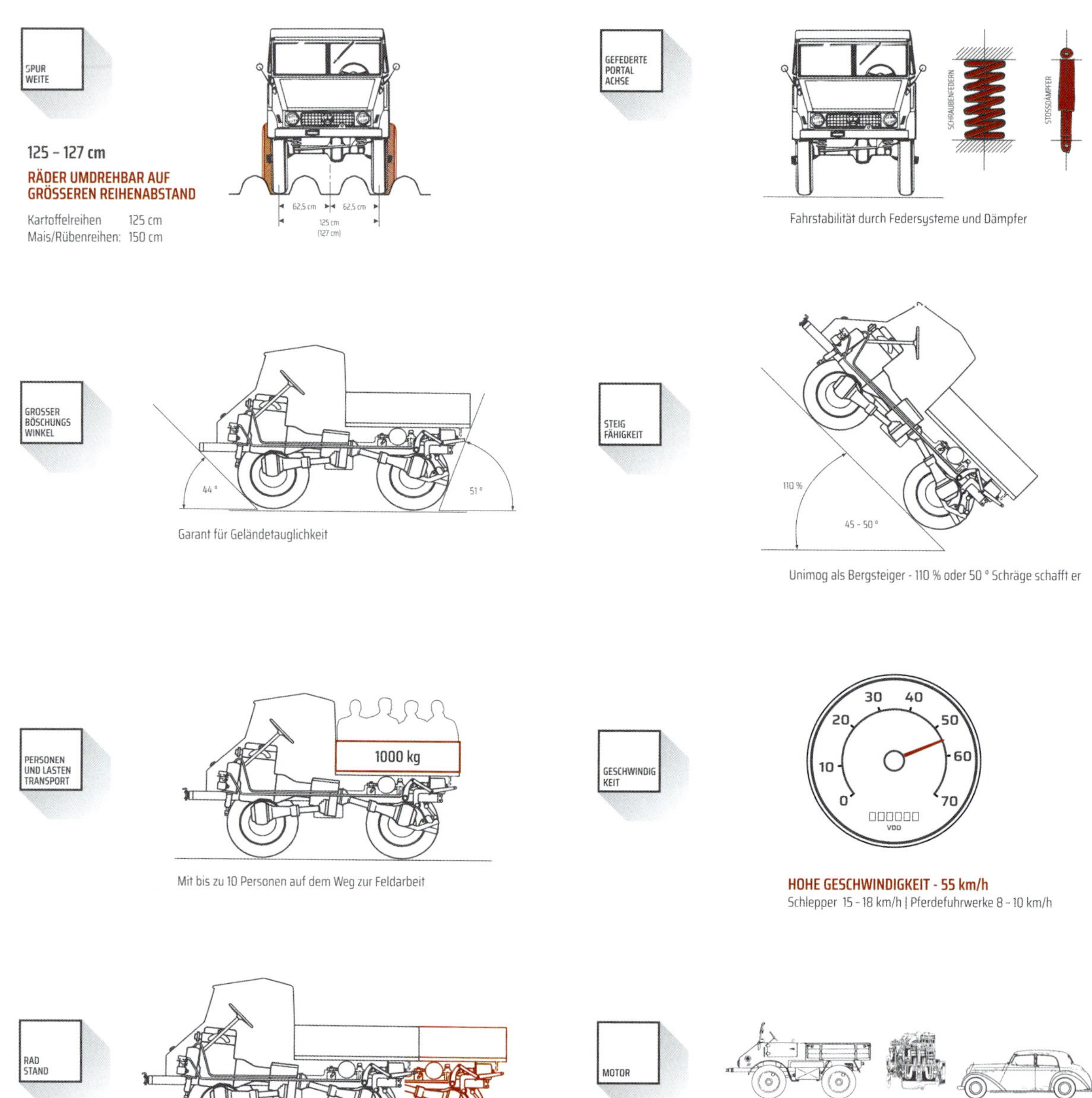

Die Pkw-Motoren aus Untertürkheim sind stark und robust

Langer Radstand bringt neue Einsatzmöglichkeiten

ANTRIEB UND BREMSE

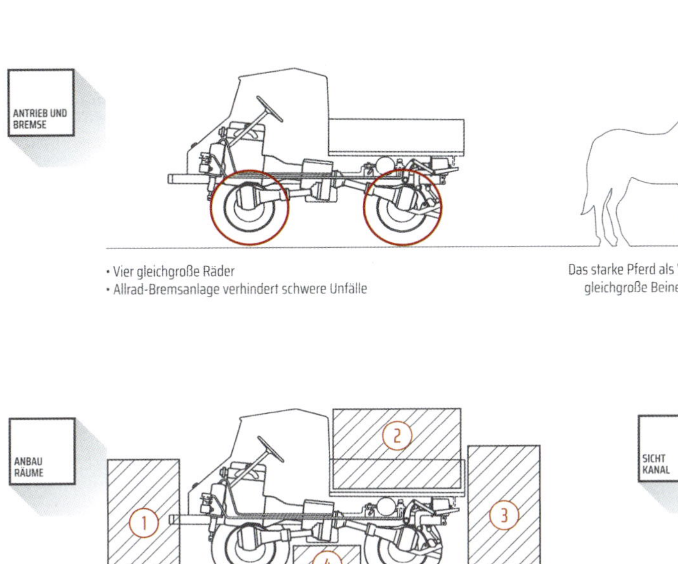

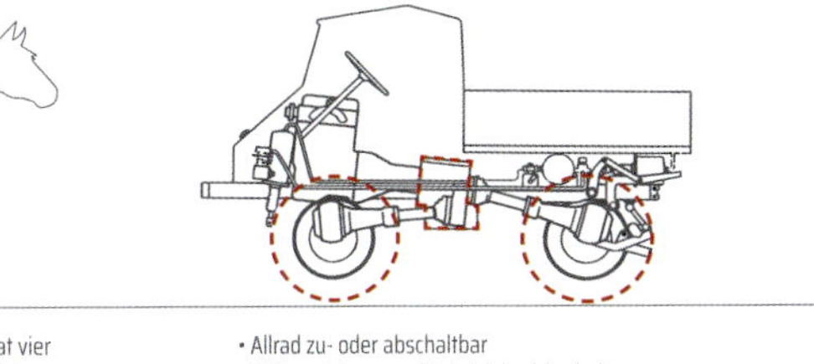

- Vier gleichgroße Räder
- Allrad-Bremsanlage verhindert schwere Unfälle

Das starke Pferd als Vorbild hat vier gleichgroße Beine als Antrieb

- Allrad zu- oder abschaltbar
- Differentialsperre gibt Antriebssicherheit

ANBAU RÄUME

Zum Grundprinzip des „Universalmotorgerätes" gehören 4 An- und Aufbauräume

SICHT KANAL

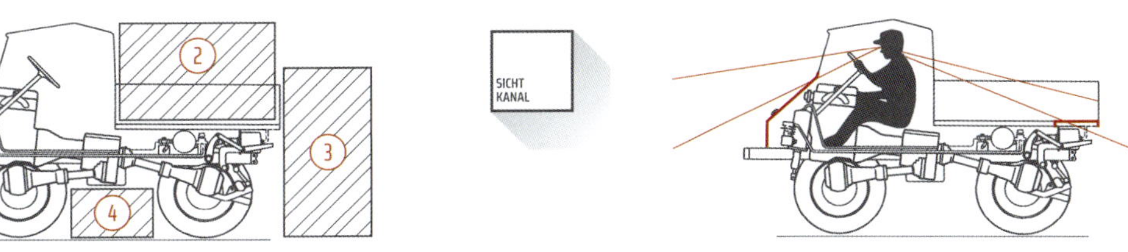

Gute Sicht garantiert Qualitätsarbeit

FAHRER HAUS

Beifahrer ein Teil des Systems | Anstatt auf der Pritsche im komfortablen Fahrerhaus

Cabrio

Ganzstahl-FHS von Westfalia für Kommunen und die Feuerwehren

PORTAL ACHSE

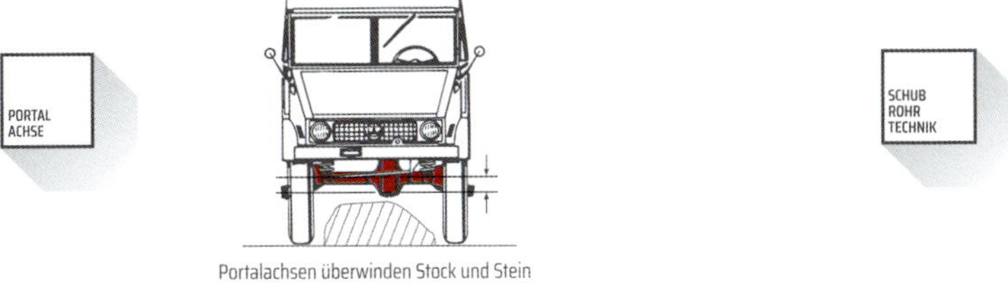

Portalachsen überwinden Stock und Stein

SCHUB ROHR TECHNIK

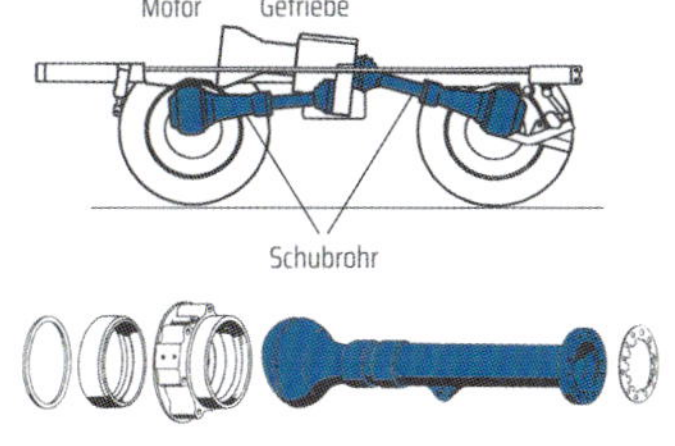

Patentiertes Highlight in der Unimog-Antriebstechnik

Feuerwehr im Einsatz

Schnell und geländetauglich müssen sie sein Seit über 75 Jahren gibt es das Universal-Motor-Gerät. Fast genauso alt ist die Unimog-Tradition bei den Feuerwehren. Während den Anfangszeiten in Schwäbisch Gmünd und Göppingen wurde der Unimog noch nicht in diese Zielgruppe eingeordnet, denn damals hatten Land- und Forstwirtschaft Prioritäten. Es gab Ende der 1940er-Jahre zwar schon Feuerwehrfahrzeuge, aber nur auf Lkw-, Traktor- oder Pkw-Basis. Natürlich damals ohne Allrad. Was den Feuerwehren fehlte, waren schnelle, wendige, starke und geländetaugliche Löschfahrzeuge. Und gerade dann, wenn die Ausgangslage Vegetationsbrände waren oder man in unwegsames Gelände eindringen musste. Somit war der Unimog im Fokus.

Die Anfänge mit dem Unimog bei der Feuerwehr. Hier ein 25 PS Boehringer-Unimog aus dem Jahre **1950** mit acht Feuerwehrleuten im Einsatz.

1952: Für den Feuerwehreinsatz umgebaute Baureihe 2010 (25 PS) mit kastenförmigem Fahrerhaus. Einsatz: Mobiler Gerätewagen für 7/1 Personen mit Seilwinde am Heck, sowie mit Schläuchen- und Equipment im Anhänger.

Feuerwehr im Einsatz – Mit Unimog immer einsatzbereit

Oben links: Einsatzfertig ...

Oben rechts: Löschbereit beim Flächenbrand ...

Mitte: Warten auf den Einsatz ...

Unten: Schweres Gelände für den Unimog.

Genormte Kürzel bei der Feuerwehr

Genormte Abkürzungen bei der Feuerwehr werden in allen Bundesländern verwendet. Anbei eine Auswahl der über 300 gebräuchlichen Kürzel.

Kürzel	Aufschlüsselung nach dem Alphabet
FPV	Frontseitige Vorbaupumpe
GW-U	Gerätewagen für Umweltaufgaben
KLF	Kleinlöschfahrzeug
LF8-TS	Löschfahrzeug mit Vorbaupumpe und eingeschobener Tragkraftspritze (TS), 8 bedeutet: Einbaupumpe mit Wasserförderung mindesten 800 l/min
RW	Rüstwagen
TLF 2000	Tanklöschfahrzeug mit 2.000 Liter Wassertank
TroTLF 750	Trocken-Tanklöschfahrzeug mit 750 kg Pulverlöschmittelbehälter
TSF	Tragspritzenfahrzeug
TS 8/8	Tragkraftspritze (Nennförderung 800 l/min)

DIN-Normungen bei Feuerwehrfahrzeugen

Wichtige Feuerwehrnormen: DIN 14530 (Löschfahrzeuge), DIN EN 1846 (Feuerwehrfahrzeuge), DIN 14555 (Rüstwagen und Gerätewagen). Die meisten Einsatzfahrzeuge sind in Deutschland nach DIN 14500 bis 14599 bzw. 14700 bis 14709 genormt. Bei einer Vielzahl von Feuerwehren sind auch nicht genormte Fahrzeuge im Einsatz. Der Grund liegt oft bei örtlichen Gegebenheiten oder bei selbsterstellten Aufbauten. Bei Neubeschaffungen bzw. Ausschreibungen schaut man heute sehr wohl auf die bezuschussten Normungen.

In Baden-Baden

Man kann es kaum glauben ...

... aber solche Einsätze gibt es für die Feuerwehren auch. Weil der Fahrer eines MB-Diesel-Sprinters sein Fahrzeug an einer Tankstelle mit dem falschen Treibstoff betankt hat und dies zu spät bemerkte, hat er diesen kurzerhand in einem Regenwasser-Gully illegal entsorgt. Dieser Umstand führte, nachdem Anwohner einen »Gasgeruch« bemerkt hatten, bei der FF und weiteren Stellen zu einem Großeinsatz. Die Polizei kümmerte sich um die Straßensperrungen, während die FF auf dem besagten Areal mit Ölsperren und dem erfolgreichen Abpumpen des Kraftstoffes begann. Der Fahrer selbst tankte an der Tankstelle den richtigen Sprit nach und machte sich danach unerkannt aus dem Staub. Beamte vom Gewerbeamt, Umwelt und Polizei haben die Ermittlungen bezüglich des Flüchtigen übernommen. Nach knapp drei Stunden war der Einsatz beendet. Aber vom Verursacher fehlt noch jede Spur.

Unimog S

Unimog-S-Prospekt: Baureihe 404.1/Unimog S, Aufbau LA 8-TS

Baureihen und Baumuster

Parameter zur Identifizierung Wie die DNA beim Menschen, so hat auch der Unimog viele Paramater zur Identifizierung. Baureihen und Baumuster gewannen erst nach Einführungen des U 401 im Jahre 1953 an Bedeutung. Ob Zeichnungsnummern, Stücklisten, Fertigungspläne oder Fahrzeugtypenschilder, dahinter verbergen sich Systematik und Steuerungsdaten für Konstruktion, Produktion und Ersatzteilwesen.

Bis 1981 Während die Baureihe (BR) grundsätzlich vorgibt, um welchen Typ es sich handelt, ist das Baumuster (BM) für die Typenvariante wie zum Beispiel Radstand, Fahrerhaustyp, Motorleistung oder Rahmenlänge relevant. Hinzu kommen Verkaufsbezeichnung, Motor-Baureihen/-Baumuster, DB- und RAL-Farben.

Beispiel zum Thema Baureihen: Typenbezeichnung U 404 oder Unimog-S, Baureihe (BR) 404.1, Baumuster 404.113, Verkaufsbezeichnung U 82, TLF 8 Tanklöschfahrzeug, »S« steht für Sonderfahrzeug

Ab 1981 Wurden die internationalen FIN-Nummern (bei Daimler-Benz WDB) eingeführt. Die Fahrzeug-Identifizierungsnummer FIN entspricht, unter Berücksichtigung internationaler Angleichungen, der vormaligen Fahrgestellnummer und wird umgangssprachlich auch heute noch so genannt. FIN ist die international genormte 17-stellige Seriennummer, mit der ein Fahrzeug eindeutig identifizierbar ist.

Gängige Beispielbezeichnungen rund um den Unimog

Unimog-Typ: U 2010, U 401, U 411c, U 421, U 406, U 404, U 1300 L, U 4000 usw.

Baureihen (BR): 411, 406, 435, 437.4 usw.

Unimog-Baumuster (BM): BM 401.103, BM 411.117 usw.

Verkaufsbezeichnungen: U 90, U 100 L, U 1150 L, U 1300 L usw.

Motor-Typen: OM 636/I-U, OM 352, OM 904 usw. (Diesel-Motoren)

Motor-Baumuster: MBM 636.914

Fahrgestell-Nummern: 2010 1 0425/51, 401.101-45 02055 (45 steht gedreht für 1954)

Farbe: DB 6286, Daimler-Benz Farbnummer 6286 (Unimog-Grün)

FIN-Nr.: WDB435115W13/397 (Hier für die Baureihe 435, Baumuster 435.115, Unimog-Typ U 1300 L)

WDB: Daimler-Benz AG

SBU: Schwere Baureihe Unimog

UGE: Unimog-Geräteträger-Euro 6

Entwicklungsschritte der Unimog-Fahrzeuge seit 1951

Leichte Baureihen

Ab 1951: Baureihe 2010 mit Dieselmotor OM 636 und 25 PS. Feuerwehr Folgefahrzeuge: Baureihen 401, 402, 411 und 421. Alle mit jeweils geringen Stückzahlen.

Schwere Baureihen

Ab 1975: Baureihe 435, Dieselmotor OM 352A und 130/168 PS Feuerwehr Folgefahrzeuge: BR 424, 427, 437.1, 437.4 UHN, 405 UGN, 405 U 20. Baureihe 435/U 1300 L mit hohen Stückzahlen.

Mittlere Baureihen

Ab 1956: Baureihe 404. 1/Unimog-S, Benzinmotor M 180/82 PS. Feuerwehr Folgefahrzeuge: Baureihen 404.0-Unimog-S, 406, 416, 417 und 418, im Bild: Unimog-S Typ LS 8-TS

Neuzeit Baureihen

Ab 2013/2014: Baureihe 405 UGE (links) und BR 437.4 UHE bis 350 PS.
Diese Baureihen mit stark steigenden Stückzahlen.

Leichte Baureihen: Baureihe 2010 mit 8 Baumustern

Zu Spitzenzeiten über 230 Stück pro Monat Die Typenbezeichnung U 2010 entstammt noch der Zeit bei Ehrhard & Söhne in Schwäbisch Gmünd. Dort wurden sämtliche Zeichnungen, Werkzeuge und Teile einer Nummerierung unterzogen, die mit 2010… begann. Daraus wurde in Gaggenau der U 2010 beziehungsweise die Baureihe 2010.

Von diesem Typ gab es acht Baumuster, von denen aber nur fünf gebaut wurden. Obwohl jetzt ein Mercedes-Benz-Fahrzeug, durfte der U 2010, nach Vorstandsbeschluss, noch keinen Mercedes-Stern im Frontgrill tragen. Noch zierte das Kraftsymbol »Ochsenkopf« die Motorhaube. Im Juni 1951 wurde mit dem 25-PS-Motor OM 636.912 (geteilter Ventildeckel) gestartet. Davon wurden im Restjahr 1951 bereits 1.000 Stück produziert.

Ab 1952 folgte der OM 636.914, mit dem durchgehenden Ventildeckel. Die Fahrzeuge gab es nur als Cabrio mit Klappverdeck und mit kurzem Radstand (1.720 Millimeter). Der Preis in der Grundversion lag bei 14.000 DM. Bis zum August 1953 wurden in Gaggenau 5.846 Exemplare der Baureihe 2010 gebaut. Es gab ab 1952 Spitzenmonate, da hat Gaggenau zwischen 230 und 260 Unimog 2010 produziert. Auf den U 2010 folgte die Baureihe 401 bzw. 402.

In die Zielgruppe »Feuerwehren« aufgenommen Bereits in Göppingen, bei den Gebr. Boehringer, wurden einzelne Fahrgestelle für den Umbau zum Feuerwehrfahrzeug geliefert. Es gibt dazu keine verlässlichen Zahlen, aber wir gehen mal von 20 bis 30 Unimog aus. Spätestens zu dieser Zeit ab 1949 nahm man in Göppingen den Unimog in die Zielgruppe »Feuerwehren« mit auf. Manchmal waren es auch noch Eigenumbauten der Feuerwehren. Primär war es wichtig, dass man sechs bis acht Feuerwehrleute schnell und sicher zum Einsatzort bringen konnte. Für Anbaugeräte wurde ein Zapfwelle vorne und hinten geliefert. Ein kleines Handicap für eine Feuerwehr war das brennbare Stoff-Cabriodach.

Baureihe 2010 mit 25 PS: Mit einer Metz-Vorbaupumpe aus o. g. Zeitspanne. Anmerkung: Dieses Fahrzeug ist ein originalgetreuer Nachbau mit Vollausstattung wie Schläuchen und Pumpen.

Leichte Baureihen: Baureihen 401 und 402

Die Baureihe 402 oder U 402 ist lediglich ein um 400 mm verlängertes Fahrzeug der Baureihe 401. Drei Monate nach Produktionsbeginn der Baureihe 401 wurde im November 1953 die Baureihe 402 vorgestellt. Das hier beschriebene Baumuster 402.104, wurde 1956 von der Schweizer Firma Haller & Flukiger mit einem Spezialaufbau für Feuerwehren als Mannschaftstransportwagen ausgestattet. Es handelt sich dabei um ein absolutes Unikat. Ab 1957/58 war das Fahrzeug in Chur bei der Feuerwehr in Diensten. 1985 erwarb den U 402 die Feuerwehr der Gemeinde Klosters bei Davos. Was früher bei Löscheinsätzen im Gebirge mit Fuhrwerken oder Traktoren abgewickelt wurde, erledigte nun dieser Unimog als Mannschaftstransportfahrzeug, dem ein Schlauchwagen angehängt war. Im Winter wurde ihm auch gelegentlich ein Keilpflug angebaut. Nach einer meisterlichen Totalrestaurierung einer Gaggenauer Firma steht nun das rote Schmuckstück als Dauerleihgabe und Besuchermagnet im Unimog-Museum in Gaggenau.

Von den Baureihen 401 und 402, als Nachfolgefahrzeug der Baureihe 2010, wurden nur unbedeutend wenige zu Feuerwehrfahrzeugen umgerüstet.

Technische Daten BR 402: Baujahr 1956, Vierzylinder-Dieselmotor OM 636, verlängerter Radstand (400 mm), Leistung 25 PS, Getriebe UG 1 mit sechs Vorwärts- und zwei Rückwärtsgängen, Höchstgeschwindigkeit 53 km/h, Steigfähigkeit 70 bis 80 Prozent, zulässiges Gesamtgewicht 3.300 kg, Bereifung 6.50-20. Standort: Unimog-Museum Gaggenau

Leichte Baureihen: Baureihe 411

1956 begann der Siegeszug der Baureihe 411 (U 411) Mit dem Überbegriff Baureihe 411 sind jeweils die vier Typen vom U 411, U 411a, U 411b und U 411c gemeint. Im Prinzip knüpfte der offene U 411 in Design und Ausführung an den U 401 an. Produktionsbeginn des U 411 war im August 1956. Es sind auf den ersten Blick nur Details, wie die stilistisch geänderte Frontpartie, vorne die länglichen Kotflügel oder die größere Bereifung, die eine Veränderung gegenüber dem U 401 erfahren hat. Für den Kunden in der Land- und Forstwirtschaft war natürlich die Leistungssteigerung um 20 Prozent auf 30/32 PS ein ganz wichtiges Kaufargument. Erst auf den zweiten Blick oder noch besser beim Fahren fielen die anderen Veränderungen auf. Der U 411 wurde von Anfang an mit kurzem (1.720 mm) und mit langem Radstand (2.120 mm) angeboten. Eine vorausschauende Entscheidung, denn über zwei Drittel aller U 411 wurden später mit langem Radstand verkauft.

Typ 411c, Baumuster 411.114, 65-PS-Benzinmotor, Radstand 2.570 mm, Einsatz in Portugal bzw. Angola, ausgemustertes Militärfahrzeug, bei der Feuerwehr in Faro als Mehrzweckfahrzeug.

Typ 411a, 30 PS, Einsatz im Senegal gegen Busch- und Waldbrände, Wassertank für 800 Liter, Kolbenpumpe an der Zapfwelle, Hochdruckschläuche, Astabweiser zum Schutz der Aufbauten, Einachsanhänger für acht bis zehn Hilfskräfte.

Wie in vielen seiner anderen Einsatzgebiete ist die Baureihe 411 auch im Feuerwehrbereich ein vielseitig einsetzbares Fahrzeug. Aufgrund seiner geringen Abmessungen war er besonders in der Industrie sehr geschätzt, ermöglichte er doch auch das Befahren enger Hallen und Anlagen. Daneben diente er oft als Zugfahrzeug für die verschiedensten Feuerwehranhänger. Hierbei wurde der Unimog nur im Einsatzfall zum Feuerwehrfahrzeug und war ansonsten mit üblichen Aufgaben wie Winterdienst oder als Rangierfahrzeug betraut. Von großem Vorteil war, dass durch die Zapfwelle viele Geräte wie Stromerzeuger, Kreiselpumpen oder auch Seilwinden angetrieben werden konnten und schnell austauschbar waren. In vielen Gemeinden, die nur einen Tragkraftspritzenanhänger besaßen, war der leichte Unimog im Einsatzfall das bevorzugte Zugfahrzeug. Bot er doch auf der Pritsche der Mannschaft Platz und war mit 60 km/h Höchstgeschwindigkeit deutlich schneller als die üblichen Traktoren. Neben reinen Pritschenversionen gab es auch Rüstwagen, Trockenlöschfahrzeuge und Waldbrandlöschfahrzeuge auf Basis der Baureihe 411.

BR 411c, Baumuster 411.119, seit 1997 als Sonderfahrzeug bei der Feuerwehr in Bozen.

Oben: **Baureihe 411** mit Ganzstahlfahrerhaus DvF der Firma Westfalia. Einsatzort: FF Helgoland.

Rechts: **Baureihe 411** mit 30 PS als Mehrzweckfahrzeug bei der FF Gmünd aus Niederösterreich.

Westfalia-Fahrerhaus für die Baureihe 411 Die Firma Westfalia hat ihren Standort im westfälischen Wiedenbrück. Kontakte zu Daimler-Benz gehen bereits auf das Jahr 1951 zurück. Als erstes Projekt entwickelte man einen Musteraufbau auf der Basis U 2010 für den Bundesgrenzschutz. Die Besitzer der Firma Westfalia sahen im Unimog einen vollkommen neuen Markt. Die Entwicklungsstationen gingen über Sattelschlepper- bzw. Sattelanhängervarianten auf der Basis U 401/402 bis hin zum Feuerwehrgerätefahrzeug. Bei der Entwicklung eines Ganzstahlfahrerhauses kam den Wiedenbrücker Ingenieuren die Erfahrungen in der Karosseriefertigung zugute. Die Serienfertigung des ersten Unimog-Fahrerhauses, mit der internen Typenbezeichnung »B«, begann kurz vor Produktionsbeginn des U 401 im Jahre 1953.

Aufgrund überzeugender Qualität baute Westfalia ab 1955 bis 1968 auch für den Unimog-S (Baureihe 404.1) der Bundeswehr und für Feuerwehren das Ganzstahlfahrerhaus. Erst ein Jahr nach Produktionsbeginn (1957) des U 411 wird ein gründlich überarbeitetes Ganzstahlfahrerhaus mit der Bezeichnung »DvF« für diese neue Baureihe vorgestellt. DvF bedeutet: verbreitertes Fahrerhaus. Die Feuerwehren hatten ab sofort zum brennbaren Cabrio-Stoffdach eine Alternative.

Baureihe 411, Baumuster 411.117, Typ U 32, 32 PS, Bj. 1962, Einsatz bei der Firma BOSCH in Waiblingen.

Mittlere Baureihe: Baureihe 421

Nach zweijähriger Entwicklungszeit in Gaggenau wurde der U 421 mit Beginn des Jahres 1966 gebaut. Er lief unter der Verkaufsbezeichnung U 40 und dem Baumuster 421.122 für die offene und Baumuster 421.123 für die geschlossene Fahrerhausvariante. Außer dem hochstellbaren Fahrerhaus und dem Motor OM 621 (40 PS) hatte der neue U 421 anfangs fast alles, wie Rahmen, Achsen und Getriebe, vom U 411c übernommen. Der U 421 sollte einmal die Nachfolge des U 411c antreten. Insgesamt gab es für den U 421 dreizehn Motor-Baumuster, darunter die Varianten mit dem OM 615 und OM 616.

Das geschlossene Fahrerhaus des U 421 stammt vom U 406. Daher die optische Übereinstimmung. Nur die Bodengruppen sind unterschiedlich. Bei den Fahrzeug-Baumustern belegte der U 421 mit 27 Varianten einen Spitzenplatz.

Der Preis des U 40 belief sich in der Anfangszeit auf rund 18.000 DM. Zwei Jahre nach Produktionsbeginn des U 421 (U40) kam der U 421 (U45) mit 45 PS und dem Motor OM 615. Der U 40 war von Anfang an untermotorisiert. Im Spätjahr 1970 ging der erste U 421 (U 52) mit 52 PS vom Band (siehe Foto). Wenige Monate später wurde der U 60 dann mit einem OM-616-Motor und einem Radstand von 2.605 mm aufgelegt.

Baureihe 421, Typ U 52, Bj. 72, Diesel-Motor OM 616 mit 52 PS, Frontgerät ein Rotationsbesen, ursprünglicher Einsatz bei der Feuerwehr in Berlin. Heute schmückt dieser Unimog das Unimog-Museum in Gaggenau.

Mittlere Baureihen: Baureihen 404.1 und 404.0 (Unimog-S)

Die kleinen Baureihen wie den Boehringer, 2010, 401/402, 411 haben wir in diesem Buch schon beschrieben. Was in der Aufzählung, laut Stammbaum auf Seite 36, noch fehlt, sind die mittleren Baureihen 404.0, 404.1, 406, 416, 417 und 418 für die Feuerwehren. Hier gab es hohe Stückzahlen zu verzeichnen.

Geburtshelfer war die französische Armee Der Unimog-S ist mit 64.242 Einheiten der meistgebaute Unimog. Diese Zahl entspricht rund 18 Prozent aller jemals gebauten Unimog. Er gilt auch in der Bevölkerung als der Unimog mit dem höchsten Bekanntheitsgrad. Die Anfänge gehen auf das französische Militär zurück. Die Idee zum Unimog-S stammt aus den Reihen der nach dem Zweiten Weltkrieg in Baden-Baden stationierten französischen Armee. Die von den Franzosen gewonnenen Ideen und Anforderungen wurden anfangs mündlich festgehalten und später in einem sogenannten Lastenheft formuliert. Der »Neue« sollte ähnlich der Baureihe 2010 sein, nur breiter und mit einem längeren Radstand, 80 bis 90 km/h schnell, einer Pritsche für zehn bis zwölf Soldaten bzw. 1,5 bis 2 Tonnen Nutzlast haben. Im Fuhrpark der französischen Armee und bei vielen NATO-Partnern war der Ottomotor Standard, und das sollte auch für den »Neuen« gelten. Als Auslieferungsjahr der ersten Unimog-S wurde der Oktober 1955 vereinbart.

Unimog-S bei der Feuerwehr Der hochentwickelte Antriebsstrang mit den Portalachsen, sowie das geländegängige Fahrgestell waren von Anfang von Brandschutzexperten positiv beäugt worden. Eine hohe Bewertung erhielt auch die flächendeckende Ersatzteileversorgung und der Kundendienst in DB-Vertragswerkstätten. Von den Feuerwehren wurden des Weiteren die angebotenen Schulungen im Werk Gaggenau sehr geschätzt. Das Fahrgestell mit dem gekröpften Rahmen, in Verbindung mit der hochwirksamen Schraubenfederung, war laut Hersteller für ein Fahrzeug-Gesamtgewicht von fast 5.300 kg ausgelegt. Also mit genügend Spielraum für feuerwehrtechnische Aufbauten. Mit den 82 PS des Daimler-Benz-Benzinmotors M 180 konnte der Brandherd mit bis zu 90 km/h schnell erreicht werden.

Fazit: Ein optimales Trägerfahrzeug war für die Feuerwehren geboren.

Vorgänger der legendären LF8-TS, wichtige Feuerwehrelemente sind Sitzplätze für fünf Personen, Vorbaupumpe und die für die Gruppe eingeschobene Tragkraftspritze.

Unimog-Fahrgestelle

Aufbau des Trägerrahmens beim Unimog-S Der gekröpfte Leiterrahmen ist gekennzeichnet durch zwei Längs-U-Profile 140 mm x 60 mm. Der Trägerrahmen wird entsprechend den Daimler-Benz-Vorgaben auf den beiden U-Rahmen des Unimog montiert. Die vorgesehene Dreipunktverbindung garantiert, dass der auf Verwindung ausgelegte Längsrahmen des Unimog nach mechanischen und physikalischen Gesetzen sich nicht mit dem starren Aufbau behindert. Somit ist im Gelände bei schräger Fahrzeuglage das Öffnen von Türen/Klappen möglich. Auch unkontrollierte Spannungen im Aufbau führen so nicht zu Schäden wie Rissbildungen oder Verformungen. Den Aufbauträger lieferte in aller Regel Daimler-Benz als SA.A.

Unimog-S als Torso ausgeliefert

Für die Aufbaufirmen wurden die Fahrgestelle inkl. dem Trägerrahmen, mit einem noch unfertigen Fahrerhaus/ Teilfahrerhaus für geschlossene Aufbauten, wie beim LF8-TS, ausgeliefert. Solch ein Aufbau bei Metz kostete früher zwischen 15.000 und 20.000 DM. Der Aufbau LF8-TS war nur bei der Baureihe 404.1 möglich, denn beim 404.0 handelte es sich um ein kippbares Fahrerhaus von den Baureihen 406 und 416. Siehe Seiten 37 und 40.

Unimog-S als Torso

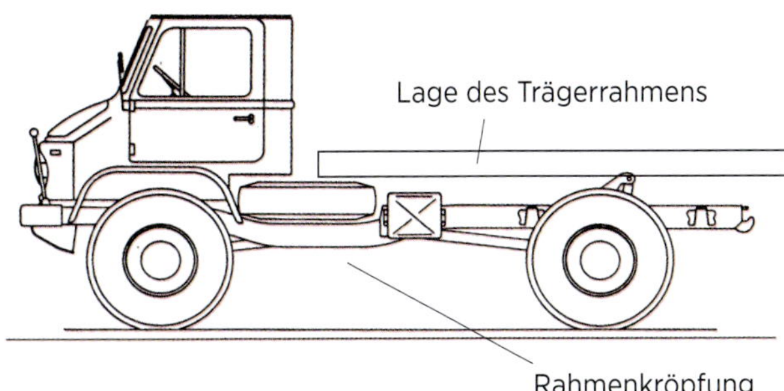

An- und Aufbaumöglichkeiten
am Beispiel des S-Trägerrahmens

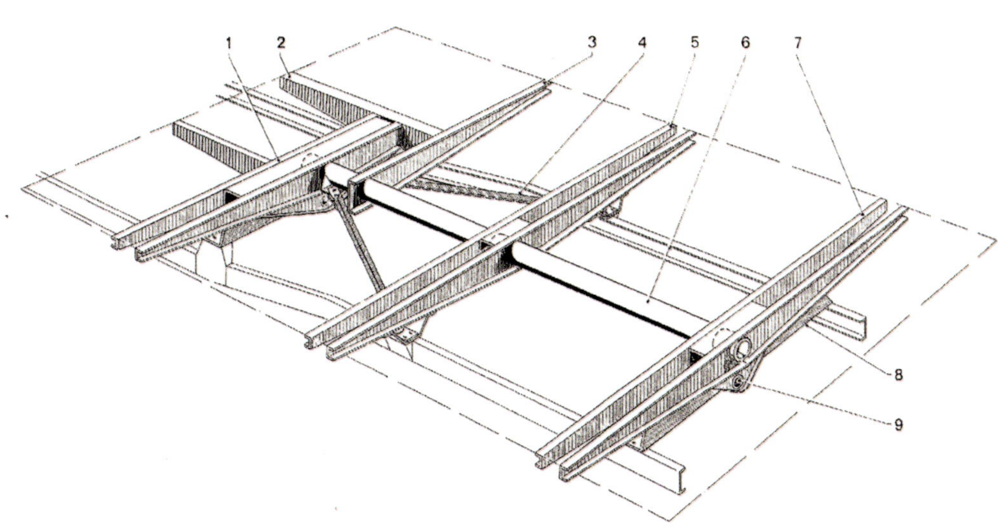

1 Querträgerpaar vorne links, **2** Längsträger vorne, **3** rechter vorderer Querträger, **4** Zugstrebenpaar, **5** mittleres Querträgerpaar, **6** Torsionsrohr, **7** Querträgerpaar hinten, **8** Rahmenfestträger, **9** Silentbock

Mittlere Baureihe: LF 8-TS von Metz im Fokus

Nachdem einige Firmen wie Borgward und Hanomag den umkämpften Markt für Feuerwehrfahrzeuge wegen Konkurs oder betriebsinternen Entscheidungen in den 1950er-Jahren verließen, schlug die Stunde des »frischgeborenen« Unimog-S der Baureihe 404.1. Der Unimog mit dem geländegängigen Antriebsstrang aus Gaggenau wurde schlagartig zum Favoriten in der Kategorie bis fünf Tonnen Gesamtgewicht. Durch den schnellen und wendigen »Benz'ler« konnte man nun den Unimog 404.1 als Löschfahrzeug (LF) mit integrierter Pumpe, für 800 Liter Löschwasser (LF8) pro Minute, einplanen. Der neue Feuerwehr-Fahrzeugtyp war für die genormte und ab März 1963 bezuschusste Löschgruppe LF 8-TS vorgesehen. Für den Aufbau und die Einrichtungen machte die Firma Metz in Karlsruhe, Ende der 1950er-Jahre, sehr erfolgversprechende Angebote. Dabei spielten die über die Zapfwelle angetriebene Vorbaupumpe (FVP) und die im Heck eingebaute Tragkraftspritz (TS), bei der leistungsfähigen Wasserversorgung, eine wichtige Rolle. Der mit der Zwei-Personen-Fahrerkabine integrierte Metz-Aufbau ist dreipunktgelagert und verwindungsfrei mit dem S-Fahrgestell verbunden (Skizze unten und Seite 25).

Dieses Konzept entspricht den damaligen Normen für Feuerwehrfahrzeuge, der DIN 14530 und den Baurichtlinien für LF 8-TS. Der staatlichen Bezuschussung stand somit vorerst nichts mehr im Wege. Leider war nach 60 Fahrzeugen das vorzeitige Ende des LF 8-TS auf Basis 404.1 besiegelt. Mit der Baureihe 435 (ab 1975) stand in den 1970er-Jahren der LF8-TS-Nachfolger bereits in den Startlöchern.

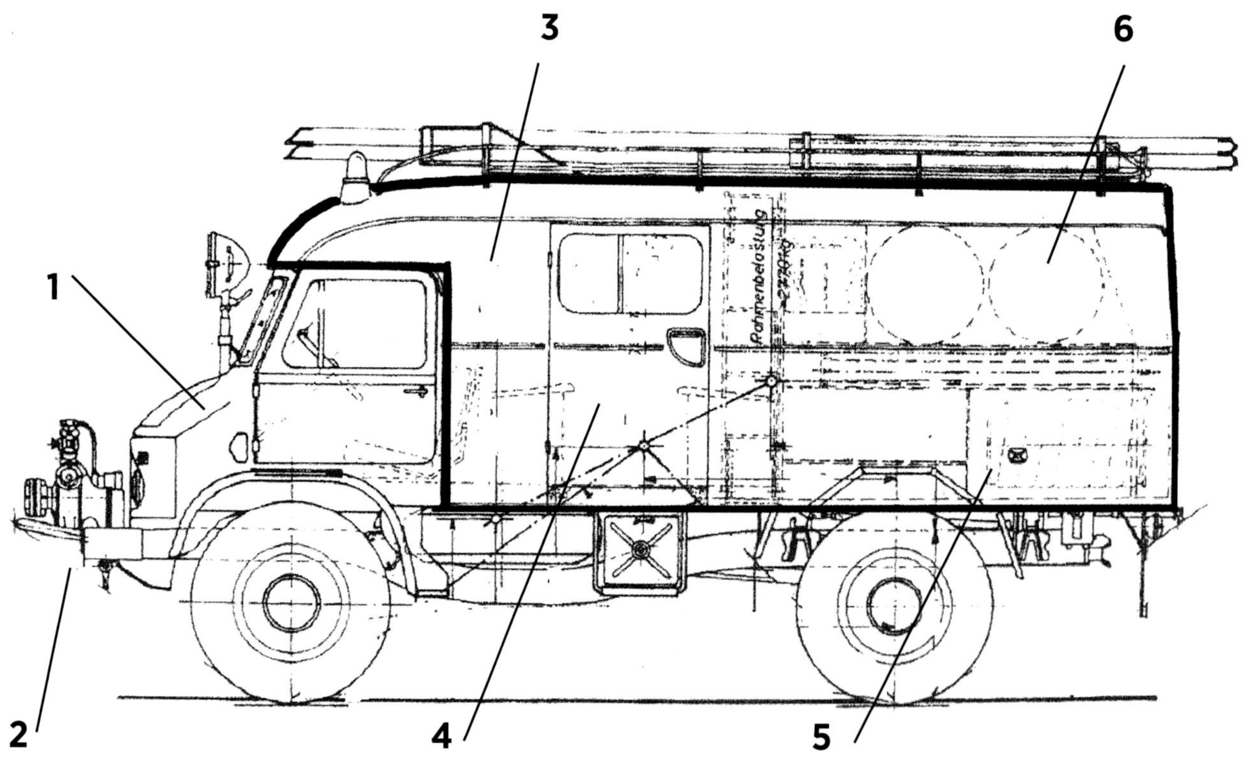

Unimog Baureihe 404.1 mit LF8-TS-Aufbau von Metz. Fotos auf den Seiten 15 und 17.

1 Unimog-S Torso mit Antriebsstrang und Fahrerhaus für zwei Personen, **2** Vorbaupumpe FPV 8/8, **3** LF 8 Löschfahrzeugaufbau von Metz (dicke Linie), **4** Türe zu den sieben Sitzplätzen für die Feuerwehrgruppe, **5** Mobile Tragkraftspritze (TS) im Heck Typ TS 8/8, **6** Geräteraum.

Mittlere Baureihe: Aufbauvarianten

Das »Universalmotorgerät« machte mit dieser Bezeichnung bei den Feuerwehren einen furiosen Start. Es gab eigentlich nichts an Aufbauten was es nicht gab. Alles (fast) war abgedeckt.

Voraus-Löschfahrzeug VLF

Trockenlöschfahrzeug mit Spezialaufbau

Tanklöschfahrzeug TLF 8

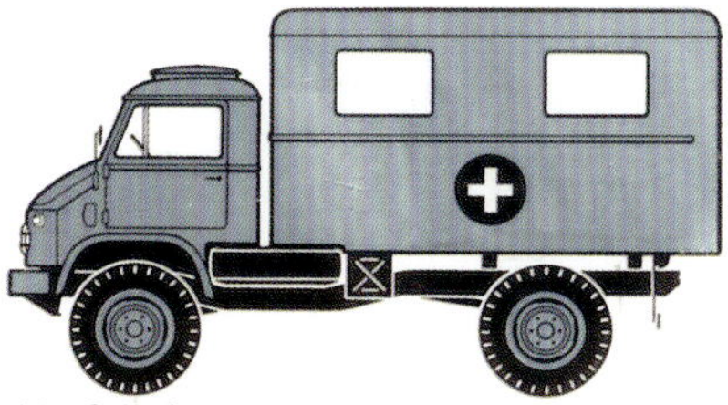

Notfall-Arztwagen mit Spezialaufbau

Mannschafts- und Gerätewagen

Sanitätsfahrzeug mit Einheitskoffer

Feuerlösch-Fahrzeug LF 8-TS

Kommando-Wagen in geschlossener Bauweise

Pritschenfahrzeug mit geschlossenem Fahrerhaus

Rot ist gefragt: **Unimog-S der Baureihe 404.1** in Reih und Glied

Mittlere Baureihen: Varianten des S-Programms

1 Voraus-Löschfahrzeug VLF, **2** Tanklöschfahrzeug TLF 8, **3** Trockenlöschfahrzeug mit Spezialaufbau, **4** Ursprünglich SWR in Baden-Baden (Bj. 1959), danach GWT bei der FF Gaggenau, **5** Flughafenfeuerwehr Graz, **6** TroLF 750 aus der Steiermark.

Mittlere Baureihen: Baugruppengleichheit zum Unimog-S (404)

UNIMOG-Programm

Typ	411	421	403	413	406	416	404
Radstand	1720 2120 2570	2250 2605	2380	2900	2380	2900	2900
Fahrerhaus	UF 1	UFH 4	UFH 3				UF 2 UFH 3
Motor	OM 636	OM 616	OM 314		OM 352		M 180 M 130
Getriebe	UG 1/11	UG 2/27					UG 1/11
Vorderachse	AU 2/3S	AU 2/4S	AU 2/6S				AU 1/3S
Hinterachse	HU 2/3S	HU 2/4S	HU 2/6S				HU 1/3S
Lenkung	ZF 40	ZF 40	ZF 8058				L 2 ZF 8036

Schnittmodell zum synchronisierten **Unimog-Getriebe UG 1/11-2** (Quelle: Unimog-Museum).

Mittlere Baureihen: Baureihe 404.0 mit 406/416er-Fahrerhaus

Die Baureihe 404.0 mit vier Baumustern leitet viele Aufbauvarianten ab. Die Typbezeichnung »Unimog-S"« bleibt erhalten. Mit 110 PS ist der Benzinmotor M 130 ein Kraftpaket. Er kam mit dieser Motorisierung vielfach als schnelles Feuerwehrfahrzeug zum Einsatz. Diese 110-PS-Motoren wurden in 516 Fahrzeugen der Baureihe 404.0 verbaut. Der 404.0 hat im Gegensatz zum 404.1 ein kippbares U 406 bzw. U 416 Fahrerhaus.

Typ/ Verkaufsbez	Bau-muster	Bauzeit	Fhs./BM offen	Fhs./BM geschloss	Mit Luke ja/nein	Radstand mm	Militär	Behörden /Zivil	Feuer-wehr	Motor-BM 180/130	PS/Hub raum	Stück-Zahl/BM	Bemerkung
U 404.0 U 082	404.010	02/72-12/79	416.810	-	-	2900	x		x	180.958	82 PS 2,2 l	112	Stahlpritsche mit Holzboden
U 404.0 U 082	404.011	08/71-12/79	-	406.821	-	2900	x	x	x	180.958	82 PS 2,2 l	1152	dto
U 404.0 U 110	404.012	04/71-12/79	416.810	-	-	2900				130.925	110 PS 2,8 l	7	Feuerwehren für NL und Italien
U 404.0 U 110	404.013	05/71-12/80	-	406.821	-	2900	x		x	130.925	110 PS 2,8 l	509	Dto.

Gesamtstückzahlen aller 404.0: 1780 (3 % aller Unimog), 516 davon haben den 110 PS-Motor

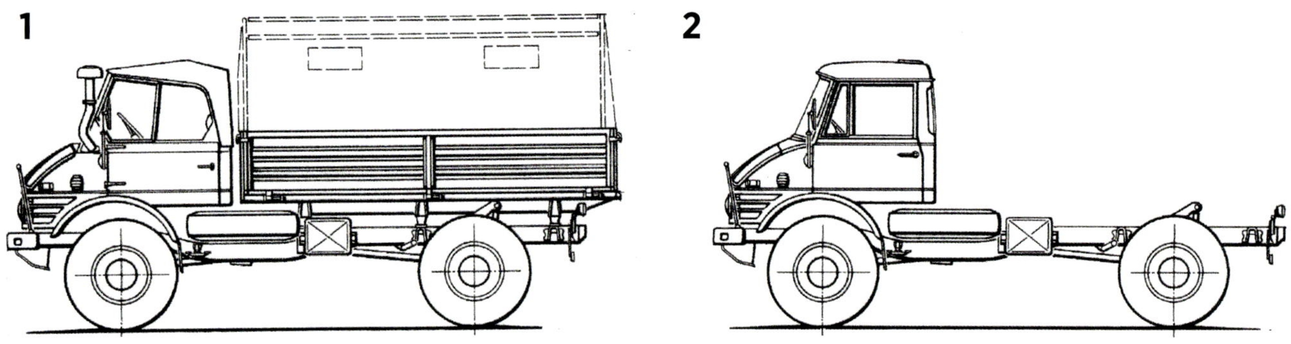

Bild Nr.	Baureihe	FHS-Typ	Baumuster	Bemerkung
1	404.0	Klappverdeck	404.010, 012	U 416-FHS
2	404.0	Ganzstahl	404.011, 013	U 406-FHS

Baureihe 404.0 mit U 406er kippbarem Fahrerhaus. Die Baureihe 404.0 ist hier auch an den Stummeln der Felgen ersichtlich. Foto: Ein Fahrzeug aus Langen bei Bregenz

Unimog in aller Welt: In allen Kontinenten im Einsatz

Erdteile und Länder, in denen Feuerwehr-Unimog der leichten und mittleren Baureihen zum Einsatz kommen (Erhebung basierend ab zehn Feuerwehr-Unimog).

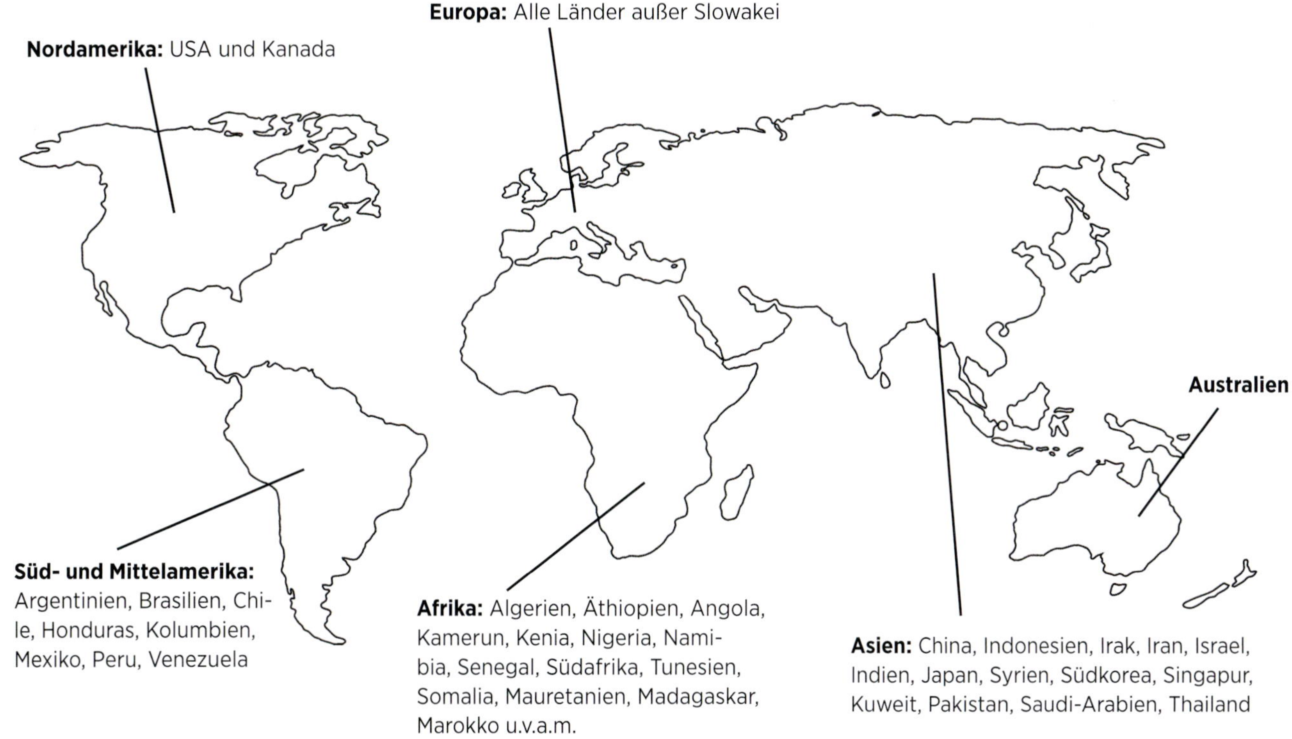

USA: Baureihe 406, 84 PS, Bj. 1973, Einsatz beim Phoenix Fire Department in Arizona, Wassertank mit 1.300 Liter im Fahrzeug, Pumpenleistung 500 Liter/Minute, Aufbau vom ortsansässigen Hersteller Western.

Unimog in aller Welt: Baureihen 406/416 als Favorit im Ausland

Ausländische Feuerwehren bevorzugten bereits Ende der 1960er-Jahre den U 406/416. Wegen seiner kompakten Bauweise, Kraftreserven sowie seiner hohen Geschwindigkeit mit 80 bis 90 km/h und einer mit anderen Fahrzeugen nicht möglichen Geländegängigkeit erreicht er fast jeden Einsatzort, wo für andere Radfahrzeuge kein Durchkommen mehr ist. Viele Feuerwehren im Ausland haben ihn entweder als genormtes oder als improvisiertes Fahrzeug noch heute im Einsatz. Die Nachfolgefahrzeuge stammen heute aus der Schweren Baureihe mit deutlich über 100 PS.

1: Baureihe 416, mit Heckkran, Einsatz bei FALCK, einem privaten Unternehmen in **Dänemark**, das Aufgaben der Feuerwehr übernimmt.

2: U 406 aus **Portugal**. Auffällig die aufwendige Ausführung von Frontstange und Aufbau.

3: U 406 bei der Solvay-Werkfeuerwehr in **Tavaux/Frankreich** im Einsatz. Mehrzweckfahrzeug mit Ladekran und frontseitiger Schubplatte. Fahrzeug hat vollen EX-Schutz. Gestartet wird mit Druckluft und die Auspuffgase verlassen das Fahrzeug durch einen auf dem Dach angebrachten Spezialfilter.

4: Dieser **U 406** ist einer von vielen Feuerwehr-Unimog, die nach **Frankreich** exportiert wurden. Er ist im Department 43 Haute-Loire für den Waldbrand im Einsatz. Auffällig dabei die Astschutzbügel für das Fahrerhaus.

Unimog in aller Welt: Signalfarben im Ausland

Ausländische Feuerwehren bevorzugen in vielen Fällen andere Farben als das Feuerrot. Bereits 1972 beschäftigte sich die Bundesanstalt für Arbeitsschutz in Dortmund mit Signalfarben und deren Auswirkungen auf die aktive Sicherheit. In vielen Tests und Studien kam man in Dortmund zu dem Ergebnis, dass sogenannte Signalfarben beim Menschen eine kürzere Reaktionszeit bezüglich Erkennbarkeit haben. Bei den deutschen Feuerwehren blieb man bei dem Rot. Heute werden Feuerwehrautos nach DIN 14502-3 »Feuerwehrfahrzeuge – Teil 3: Farbgebung und besondere Kennzeichnung« in vier Farben ausgeführt: Feuerrot (RAL 3000), Verkehrsrot (RAL 3020), Leuchtrot (RAL 3024) und Leuchthellrot (RAL 3026). Auch im Ausland ist das Rot trotzdem noch sehr beliebt.

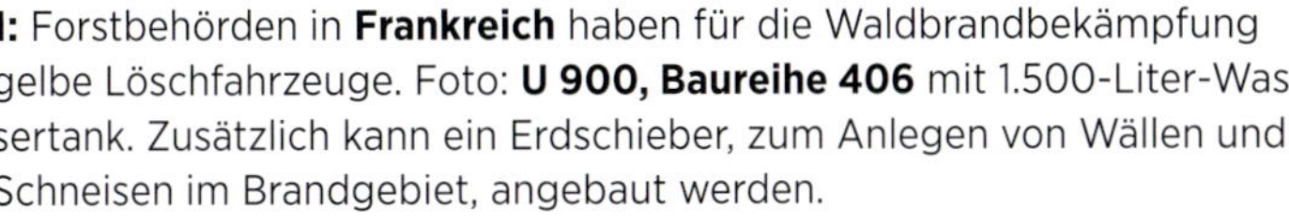

1: Forstbehörden in **Frankreich** haben für die Waldbrandbekämpfung gelbe Löschfahrzeuge. Foto: **U 900, Baureihe 406** mit 1.500-Liter-Wassertank. Zusätzlich kann ein Erdschieber, zum Anlegen von Wällen und Schneisen im Brandgebiet, angebaut werden.

2: Baureihe 416, 110 PS, Tanklöschfahrzeug TLF 1700, **Südafrika**.

3: Baureihe 437.4 UHN/U 4000 im Teide Nationalpark auf **Teneriffa/Spanien**.

4: Baureihe 405/U 20: 15 Fahrzeuge für den Kanton **Tessin/Schweiz** sind seit 2012 in Diensten der Feuerwehr.

Unimog-Spezial: Feuerwehr-Kennzeichnungen und Logos

Alle Feuerwehren haben an ihren Fahrzeugen Erkennungszeichen über ihre Standorte. Es sind meistens kunstvoll hergestellte Logos und Schriftzeichen. Der Autor dieses Buches sammelt seit Jahren diese »Türverschönerungen« an den Feuerwehrfahrzeugen. Mittlerweile sind es im Archiv schon über 300 Exemplare aus dem In- und Ausland.

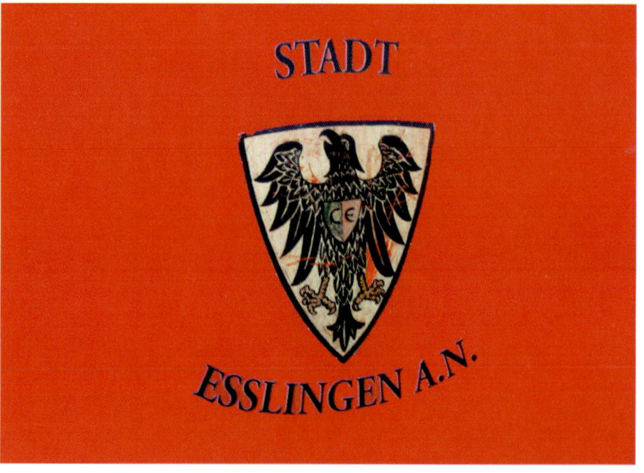

Mittlere Baureihen: Auf dem Weg zum Teilemarkt

Unimog-S-Fahrerhaus auf dem Weg zum jährlichen Teilemarkt des Unimog-Clubs Gaggenau.

UNIMOG STAMMBAUM

32 BAUREIHEN | CA. 350 BAUMUSTER | 4 MB-trac BAUREIHEN MIT 18 BAUMUSTERN

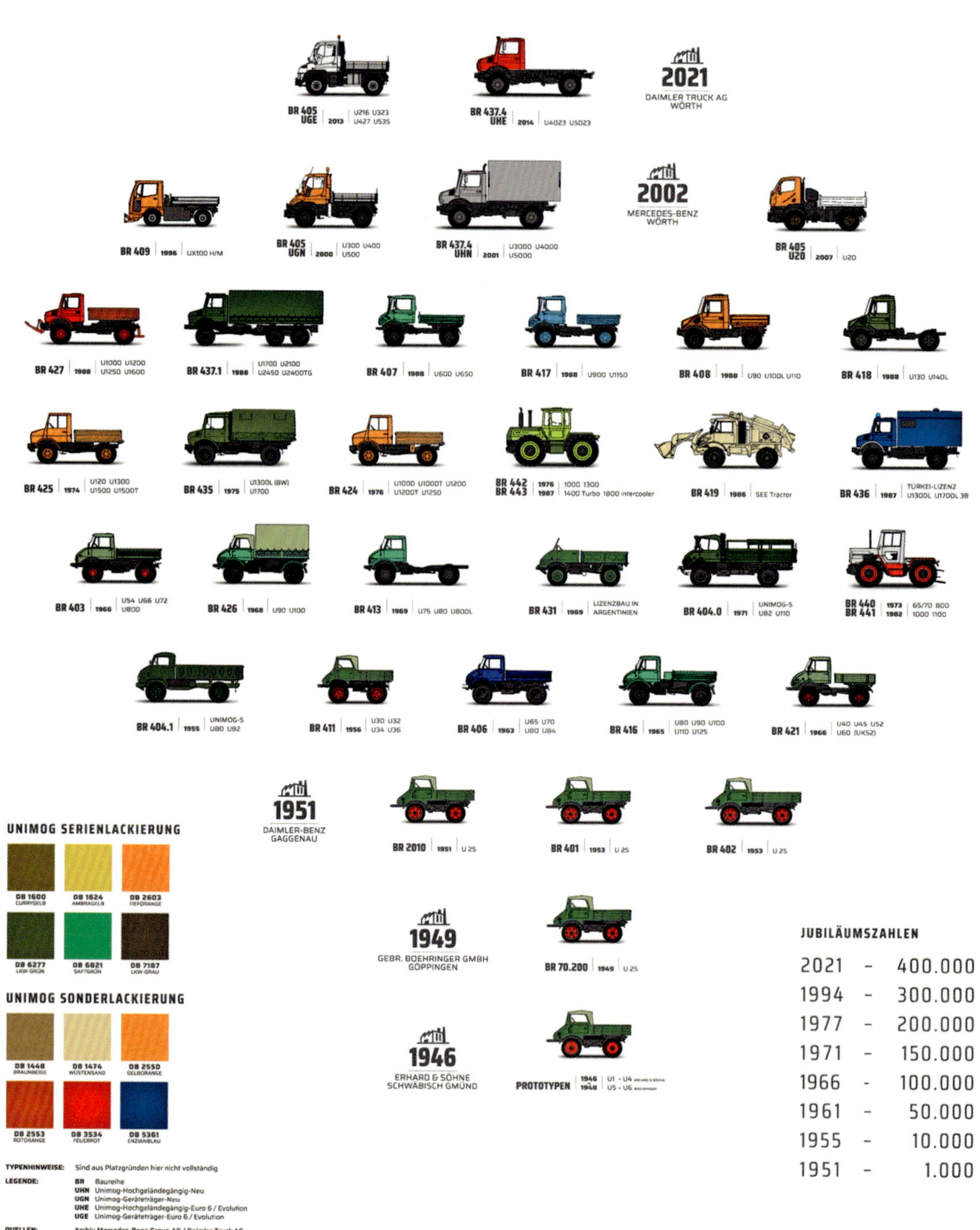

Urheberrechte zum Stammbaum bei C.-H. Vogler

Mittlere Baureihen: Baureihen 406 und 416

Die gewichtigsten Forderungen nach einer »Mittleren Baureihe« (so nannte man anfangs den U 406 bzw. 416) kamen aus der im Umwandlungsprozess stehenden Landwirtschaft und den Kommunen. Handwerkliche Arbeit musste der rationelleren Maschinenanwendung weichen. Ähnliche Wettbewerbsprozesse, wie in der Industrie bezüglich Arbeitskraft und Erträge, waren angesagt. Die großen Betriebe wurden bei weniger Arbeitskräften und unter Einsatz starker Maschinen und Geräte immer noch größer und die kleinen Betriebe verschwanden. Auch die Feuerwehren waren an diesen Baureihen interessiert. Hinweis: Im Prinzip ist ein 416er ein um den Radstand von 520 mm verlängerter 406er.

Dem ersten Lastenheft war zu entnehmen, dass die Konzentration bei diesen neuen Baureihen auf Motor, Fahrerhaus, Getriebe, Achsen, Geräteanbaumöglichkeiten, Rahmen und Achslasten sowie langer Radstand ausgerichtet waren. Die bewährten Unimog-Baugruppen sollten im Wesentlichen übernommen bzw. beibehalten werden. Und erstmals war ein Mercedes-Benz Lkw-Motor des Typs OM 352 eingeplant.

Baureihe 416 mit 21 Baumustern – Stückzahlenprimus mit 45.544 Fahrzeugen 1965 lief der Unimog 416 (U 80) erstmals vom Band. Die Radstände veränderten sich um 520 mm auf den Standard von 2.900 mm (analog dem Unimog-S) beziehungsweise auf 3.400 mm. Diese Baureihe wurde mit drei Rahmenlängen angeboten: 4.207 mm, 4.687 mm und 5.287 mm. Die langen Rahmen waren für Spezialeinsatzgebiete, wie große Aufbaugeräte oder als Gelände-Lkw vorgesehen. Als Motor kam anfangs der Direkteinspritzer OM 352.984 mit 80 PS (U 80) zum Einsatz. In einfachster Cabrio-Ausführung kostete ein U 416 zum Produktionsstart 1965 rund 24.000 DM. Bis zum Produktionsende 1989 gab es 21 Baumuster mit dem Leistungsspektrum von 80 bis 125 PS. Mit einer Stückzahl von 45.544 liegt die Baureihe 416 auf der ewigen Bestenliste nach dem Unimog-S mit 64.242 Stück, auf dem zweiten Platz.

Baureihe 416 Doppelkabine der FF Gernsbach.

Eines der modernsten Fahrzeugbänder Ab 1974 wurde das Montage-Querband im Bau 44c in **Gaggenau** durch ein Längsband abgelöst. Für die Zeit vor 1974 war dieses Querband eines der modernsten Produktionsbänder in der Nutzfahrzeug-Herstellung. Danach folgten mit dem MB-trac und der Schweren Baureihe deutlich größere und schwerere Fahrzeuge. Die Folge war ein leistungsfähigeres Längsband, nach dem Vorbild der Pkw- und Lkw-Werke. Auf dem Foto: Das neue Unimog-Produktionsband bei Mercedes-Benz in Gaggenau. Vorne ein Fahrzeug der Baureihe 416 auf dem abgeschrankten Rollenprüfstand und dahinter die Schwere Baureihe. Die Aufnahme entstand während einer kurzen Gruppenbesprechung von 7.30 bis 8.00 Uhr, daher ist kein Mitarbeiter am Produktionsband.

Unimog-Produktionsband in den 1950er- und 1960er-Jahren, hier als Montage-Querband.

Mittlere Baureihen: Baureihen 406 und 416

Oben: Feuerwehrparade vor dem Unimog-Museum mit den **Baureihen 416**, **404.1** und **435**.

Baureihe 416, U 1100, Baumuster 416.163, Baujahr 1974, 125 PS, Rüstwagen, Aufbau: Rosenbauer, frühere Einsatzorte: Stadtgebiet Salzburg und umliegende Berge. Heute im Unimog-Museum.

Mittlere Baureihen: Baureihen 417 und 408/418

Baureihen 417 und 408/418 waren Hoffnungsträger
Die Unimog-Konstrukteure hatten Mitte der 1980er-Jahre oftmals gleich mehrere Baureihen auf dem Reißbrett und in der Produktion löste eine Baustelle die andere ab. Es war die Zeit, als bei den Baureihen aus den 1960er- und 1970er-Jahren (U 411, U 406, U 421, U 416, U 403, U 413, MB-trac, U 424 und U 425) die Stückzahlen hinter den Erwartungen blieben. Das »Unimog-Programm 1988« hatte also sofort zu greifen. Große Hoffnungen setzte man in Gaggenau auf die Baureihe 417 beziehungsweise ab 1988 auf die neue SBU-Baureihen U 427 und 437. Hinzu kamen ab 1992 mit den Baureihen 408 und 418 weitere Hoffnungsträger. Die Baureihen 417 und 408/418 spielten aber entgegen den Prognosen keine große Rolle bei den Feuerwehren.

1

2

3

4

1: BR 417 Doka, Ex-Feuerwehrfahrzeug aus Frankreich, **2: Baureihe 408 Doka** aus Frankreich als U 100 L, **3: Baureihe 408** Feuerwehr Baden-Baden, **4: Baureihe 417** Typ U 1150, Waldbrandlöschfahrzeug TLF 820.

Schwere Baureihe: Sternstunden für die Feuerwehren

Bereits Ende der 1960er-Jahre waren beim Unimog-S der Baureihe 404.1 die Stückzahleneinbrüche derart eklatant, dass Modellpflegemaßnahmen notwendig waren. Vielfach waren zu dieser Zeit auf den Reißbrettern in der Konstruktion schon erste Zeichnungen der zukünftigen Schweren Baureihe auszumachen.

Die Unimog-Generation »Schwere Baureihe Unimog-SBU« ist der Technik-Konzeption, gegenüber dem Ur-Unimog der 1950er- und 1960er-Jahre, treu geblieben. Ein innovativer Schritt war, dass Motor und das weiter nach hinten und tiefer in den gekröpften Rahmen verschobene Getriebe nicht mehr eine verschraubte Einheit sind. Beide sind mit einer Gelenkwelle verbunden. Diese Idee in getrennter Bauweise brachte viele Vorteile (siehe Skizze und Matrix). Die Vorgaben zum Design wurden zum Mercedes-Erscheinungsbild, gemeinsam mit der Unimog-Fahrerhausgruppe und dem Unimog-Versuch umgesetzt. Dieses, für damalige Verhältnisse sehr moderne und auch bis heute richtungsweisende, dreisitzige Fahrerhaus, bekam 1977 den Bundes-Design-Preis für die »Gute Form«.

Dieses neugeborene Fahrzeug sollte fast 50 Jahre der Basis-Unimog für viele Folgegenerationen werden. Nur wenige Wochen nach der BR 425 wurde die Produktion der BR 435/U 1300 L, Baumuster 435.115, aufgenommen. Feuerwehrexperten sprachen von »Sternstunden« für die Fuhrparks der Feuerwehren.

Vorteile der Trennung von Motor und Getriebe

Bauteil	Konstruktion	Vorteil
Motor	weiter nach vorne	höhere Anordnung möglich
Motor und Fahrerhaus	Verlagerung Motor	Fahrerhaus mit ebenem Boden und Platz für zwei Beifahrer
Getriebe UG 3/40	Verbau nach hinten und unten	bessere Gewichtsverteilung vorne/hinten (60/40 Prozent)
Motor und Getriebe	Trennung von Motor und Getriebe	Schwerpunkt wurde optimiert
Motor und Getriebe	Dreipunkt-Lagerung	Reduzierung von Schwingungen, materialschonend
Motor und Getriebe	für Schadensfall	jeweiliger separater Ausbau möglich
Kupplung	für Schadensfall	Austausch ohne Demontage von Motor und Getriebe möglich
Motor, Getriebe und Kupplung	für Reparaturarbeiten	kostengünstiger, da weniger Zeitanteil

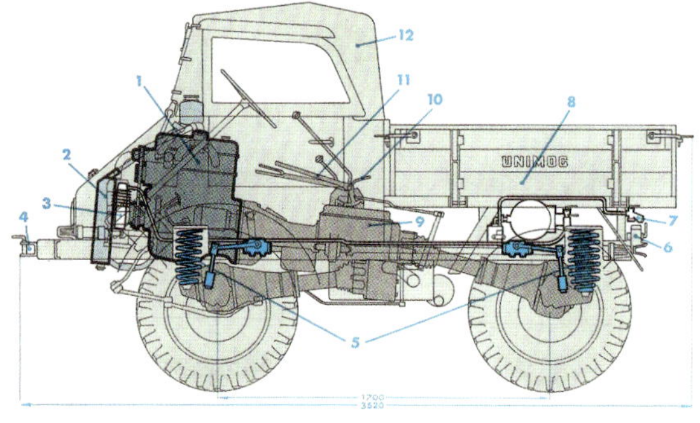

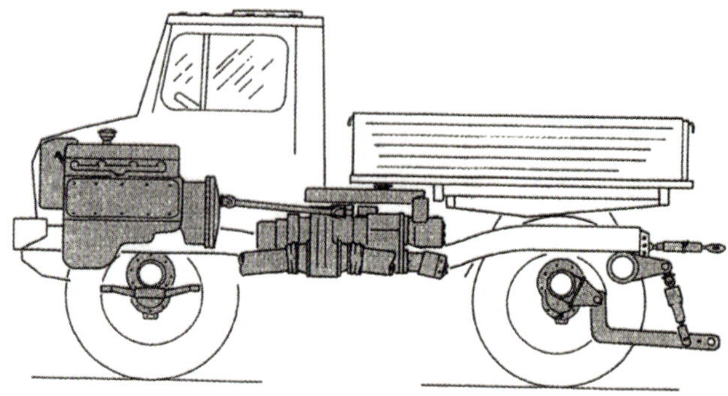

links: Der Ur-Unimog Motor und Getriebe eine Einheit.

rechts: Schwere Baureihe Motor und Getriebe getrennt.

Schwere Baureihe: Der Mercedes unter den Feuerwehrfahrzeugen

Auf der Konstruktion der Baureihe 425 basiert die Baureihe 435, deren Typen sich durch längere Radstände und höhere Motorleistungen unterscheiden. Gefertigt wurde die Baureihe von 1975 bis 1993, es entstanden insgesamt 30.726 Fahrzeuge mittels zehn Baumustern.

Erfolgreichstes Modell war der U 1300 L, Baumuster 435.115, der in großen Stückzahlen an die Bundeswehr und Feuerwehren geliefert wurde. Das Fahrerhaus des U 1300 L ist sehr geräumig und bietet Platz für drei Personen. Eine Vorgabe, die im Lastenheft der Bundeswehr wieder zu finden ist. Für Wartungs- und Reparaturarbeiten ist das Fahrerhaus hochklappbar. Die anfängliche Motorenleistung – des OM 352 beim Baumuster 435.115 – lag bei 130 PS. Für den Einsatz in der Schweiz und einigen anderen Ländern war ein noch stärkerer Motor gefordert. Daraufhin kam ein wiederum leistungsfähigeres Fahrzeug der Baureihe 435, der U 1700 L (BM 435.110) mit dem OM 366A/LA und 168 PS, auf den Markt.

Im U-Profil-Rahmenkonzept sind Halterungen, Konsolen, Schraubenfedern, Stoßdämpfer und

U 1300 L mit Metz-Aufbau, U 1300 L, Tanklöschfahrzeug aus dem schweizerischen Graubünden. Hier als Wettobjekt zur Fernsehsendung „Wetten dass?“

Querlenker eingebaut. Der Getriebeblock befindet sich abgesetzt im gekröpften Mittelstück des Rahmens. Das auf hohe Elastizität ausgelegte Rahmenkonzept minimiert jegliche Verwindungsarten. Fahrerhaus und Aggregate haben jeweils die Dreipunktlagerung. Für Feuerwehraufbauten erhält der Längsrahmen einen zusätzlichen Tragrahmen, auf dem sich die spannungsabsorbierende Dreipunktlagerung befindet.

Beispiel eines integrierten Dreipunkt-Tragrahmens für Sonderaufbauten Die Dreipunktlagerung ist für den harten Geländeeinsatz hervorragend geeignet. Sie benötigt jedoch auch das passende Basisfahrzeug mit verwindbarem Fahrgestell. Ein gutes Beispiel hierfür ist der Unimog. Die Dreipunktlagerung ist, wie der Name sagt, an insgesamt nur drei Punkten befestigt. Hinten zwei Lager in Querrichtung und vorne ein Lager in der Mitte.

RADSTADT
LFAB 240
FREIWILLIGE FEUERWEHR
RADSTADT
FEUERWEHR
rosenbauer
S-261.360
UNIMOG
1300 L

U 1300 L mit Rosenbauer-Aufbau, FF Radstadt und FF Heiligenblut in Österreich.

Schwere Baureihe: Leistungsbandbreite bis 240 PS

Bei den Feuerwehren im Ausland wünschte man sich Unimog-Baureihen mit einer höheren Leistungsbandbreite und erweiterte Einsatzvarianten. Basierend auf der Baureihe 424 ersetzte die Baureihe 427 ab 1988 diese Vorgänger-Baureihe. Äußerlich fast unverändert, wurde die Baureihe technisch modernisiert und mit der neuen Motorengeneration der Baureihe OM 366 ausgerüstet. Die Leistungsbandbreiten hatten die 170 bzw. 240 PS zum Ziel. Bis 2003 wurden von der Baureihe 427 genau 16.401 Fahrzeuge in 13 Baumustern produziert. Ein Drittel dieser Baureihe entfielen auf den Spitzenreiter U 1400, vom Baumuster 427.102, mit 5.336 Stück. Für viele Kunden ist dieser U 1400 mit 136 bzw. 170 PS und einer Endgeschwindigkeit von 90 km/h der beste Unimog seit dem Erscheinen des U 406 im Jahre 1963. Mit der Baureihe 427 war das Mercedes-Benz-Werk Gaggenau für die 1990er-Jahre bestens gerüstet. Die Kommunen/Feuerwehren im In- und Ausland zählen zu den Hauptkunden.

Auszug zur Baumustertabelle BR 427 mit 16.401 Fahrzeugen

U-Typ	Baumuster	Bauzeit	PS	Stück
1000	101	1988-1994	125	2.063
1400	102	1988-2002	136, 156, 163, 170	5.336
1600	105	1988-2002	125, 136, 156, 170	2.274
1250	110	1988-1994	125, 136	735
1650	115	1988-2002	125, 136, 156, 170	1.623
1650 L (214)	118	1992-2000	180, 211, 214, 240	57

BR 427, U 1650 Doka mit 156 PS, kurz vor der Auslieferung an eine Feuerwehr-Aufbaufirma.

Schwere Baureihe: Alternativen zur Baureihe 435 / U 1300 L

Schon kurz nach Einführung der Baureihe 435/ U 1300 L wünschten sich die Feuerwehren im In- und Ausland weitere Unimog-Varianten. Dabei ging es um das zulässige Gesamtgewicht, Leistungsbandbreiten, Radstände und um das Handling. Ein großer Absatzmarkt für Unimog der Schweren Baureihen tat sich mit einigen tausend Exemplaren in den europäischen Nachbarländern auf. Dabei ging es besonders um das Thema Waldbrandbekämpfung (W). Das dominante Fahrzeug blieb dagegen in Deutschland über lange Zeit weiterhin die Baureihe 435 mit dem Typ U 1300 L. Die aufgeführte Tabelle soll einen Überblick darüber bieten, welche Länder Unimog der Schweren Baureihen (SBU) mit 50 oder mehr Stück einsetzten.

Der Betrachtungszeitraum liegt zwischen den Jahren 1976 und 2002 und betrifft über 30 Baumuster.

Land	Baureihe	Typ	Einsatz	Aufbau
Frankreich	437	U 1550 L/37	W-TLF 2200	W-TLF 2200
Frankreich	435	U 1700 L	W-TLF 3200	W-TLF 3200
Frankreich	437	U 2150 L	W-TLF 6000	W-TLF 6000
Belgien	437	U 1550 L/37	W-TLF 1200	W-TLF 1200
Schweiz	435	U 1550 L-F	TLF 1400	TLF 1400
Schweiz	424	U 1200	TLF-1300	TLF-1300
Schweiz	427	U 1000	TLF 1400	TLF 1400
Schweiz	435	U 1700 L	TLF 2000	TLF 2000
Griechenland	437	U 1750 L	W-TLF 2000	W-TLF 2000
Griechenland	427	U 1250	W-TLF 2000	W-TLF 2000
Türkei	435	U 1700 L	W-TLF 16/20-2	W-TLF 16/20-2
Österreich	427	U 1250 L	LFB-A	LFB-A
Italien	427	U 1550 L	ELF 2400	ELF 2400

Lesebeispiel:
W: Waldbrandaufbau, TLF 6000 = Tanklöschfahrzeug mit 6.000-Liter-Tank.

Links:
Frankreich: Baureihe 437.1, W-TLF 2200, U 1550 L/37

Rechts:
BR 437.1, U 2450 L

Schwere Baureihe: Feuerwehr-Aufbauvarianten

Im In- und Ausland gibt es heute unzählige Firmen, die sich auf Feuerwehraufbauten spezialisiert haben. Vor 30 bis 40 Jahren waren dies hauptsächlich Metz in Karlsruhe und Ziegler aus Giengen an der Brenz. Heute sind es Namen wie Rosenbauer, Schlingmann, Lentner, BAI (Italien), EMPL, Magirus, Ziegler, Wiss und andere mehr.

Feuerwehr-Aufbaugrafiken am Beispiel der Schweren Baureihe 435

1 Aus einem Feuerwehr-Katalog

2 U 1300 L mit Rosenbauer-Pulverlöscher

3 Feuerwehr-Parade vor dem Unimog-Museum

Schwere Baureihe: Tanklöschfahrzeug TLF 8/18

Der abgebildete Feuerwehr-Unimog wurde 1985 für den Karlsruher-Stadtteil Stupferich beschafft. Das Fahrzeug war bis 2020 im Einsatz und wurde danach dem Unimog-Museum in Gaggenau als Dauerleihgabe übertragen. Die Feuerwehr in Stupferich hatte mit dem Unimog 1300 L viele Brandeinsätze erfolgreich löschen können. Das Tanklöschfahrzeug TLF ist zum Schnellangriff (Bekämpfen) bei Bränden im schwer zugänglichen Gelände mit ungenügender Löschwasserversorgung vorgesehen. Ein integrierter Löschwasserbehälter mit 1.800 Liter Fassungsvermögen sowie eine leistungsfähige Pumpe mit maximal 800 l/min Fördervolumen. Der Antrieb erfolgt über den Nebenabtrieb. Weitere Ausstattungen: Feuerlöscher, Sauerstoffbehälter zur Beatmung, Sondersignale und Vorrichtungen für den Einsatz verschiedener Werkzeuge.

Unter Sondersignal versteht man die Warnung anderer Verkehrsteilnehmer durch Einsatzfahrzeuge mithilfe von Lichtzeichen und Tonsignalen. Sie dienen dazu, vor Gefahren zu warnen und/oder dem übrigen Verkehr die Inanspruchnahme von Sonder- und Wegerechten anzuzeigen. Dazu sind – je nach Land – blaue, rote und/oder gelbe Blinklichter sowie Sirenen oder Martinshörner vorgesehen.

Baureihe 435, Baumuster: 435.115, Typ: U 1300 L, Baujahr: 1985, Motor: OM 352, Hubraum: 5.675 ccm, Leistung: 95kW/130 PS, Drehmoment: 363 Nm, Getriebe: UG 3/40 mit 8 Vorwärtsgängen und 8 Rückwärtsgängen, Höchstgeschwindigkeit: 85 km/h, zul. Gesamtgewicht: 7.490 kg, Radstand: 3.250 mm, Bereifung: 335/60 R 20, Aufbau: Tanklöschfahrzeug Fa. Metz/Karlsruhe (heute Rosenbauer).

Schwere Baureihe: Baureihe 435 / U 1300 L

30.726 Stück Im Wesentlichen waren es zwei Modelle, die diese Baureihe 435 ausmachten. Der U 1300 L und U 1700 L. Ein Unterschied zur Baureihe 425 war der lange Radstand von 3.250 mm. Als erstes Baumuster dieser BR 435 ging der U 1300 L (BM 435.115) an den Markt. Mit dem hochgeländegängigen U 1300 L waren bei der Bundeswehr die Nachfolger für den Unimog-S geboren.

Im Frühjahr 1976 wurden die ersten Zweitonner auf der Basis des U 1300 L an die Bundeswehr ausgeliefert. Er hat, im Gegensatz zum Unimog-S, ein Fahrerhaus für drei Personen. Vom U 1300 L wurden bis 1990 insgesamt 21.775 Fahrzeuge an die Bundeswehr in vielen Versionen und Varianten geliefert. In Summe aller U1300 L waren es dann 30.726 Stück. Im zivilen Bereich ist der U 1300 L als Trägerfahrzeug für Feuerwehraufbauten und beim THW ebenfalls besonders beliebt.

Das Ganzstahlfahrerhaus des U 1300 L ist sehr geräumig und bietet Platz für drei Personen. Eine weitere Variante ist die für sieben Personen ausgelegte Doppelkabine (Doka). Besonders bei Feuerwehren ist diese Doka sehr beliebt. Hergestellt wurde die Doka bei der Firma Wackenhut in Nagold (Schwarzwald).

Feuerwehrtreffen beim Unimog-Museum

Nicht alle roten Unimog gehören zur Feuerwehr!

Die Farbe Rot für Fahrzeuge beziehungsweise für den Unimog war lange Zeit nur den Feuerwehren vorbehalten. Rote Farben nach RAL 3000 waren beim Unimog lange Sonderfarben. Viele Leser erinnern sich bestimmt an die grauen und schwarzen Limousinen auf unseren Straßen. Ein rotes Auto kam einem Glücksfall gleich. Es waren früher außer den Feuerwehren meistens nur Rettungswagen, Speditionen und Tanklaster, die den Anfang mit der roten Farbe machten. Heute gehören die nach RAL definierten Rottöne zu den führenden Farben. Die hier gezeigten Fotos von Unimog in Rottönen zeigen keine Feuerwehr-Fahrzeuge.

www.Lentner-GmbH.de
2022
AUXILIUM

Baureihe 437.4 UHE Typ 5023 mit 231 PS, Aufbau: Henne + Lentner.

Unimog-Ausstattung und Technik Baureihe 435: Blick unters Blech

Achsen, Motor, Getriebe, Schubrohre und Schraubenfedern

Mitte rechts: Vorderachse, Portalachse, Scheibenbremse, Differential

Unten:

Mögliche Rahmenkonzepte mit Verstärkungen.

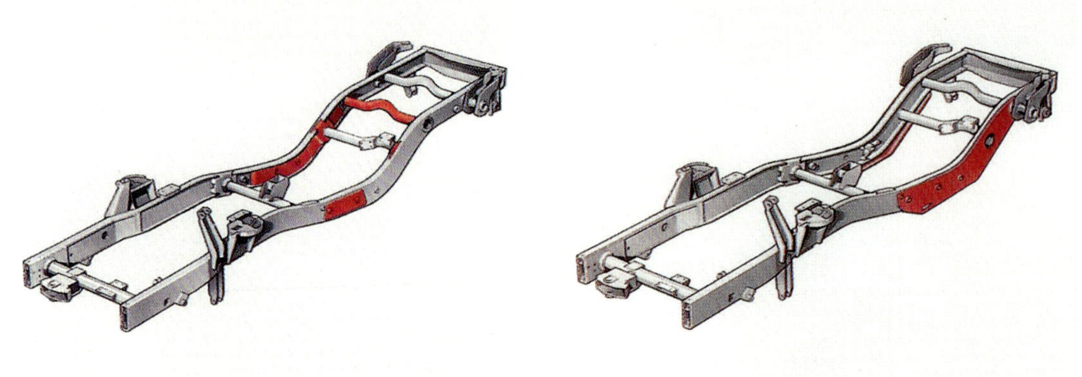

Unimog-Ausstattung und Technik
Schwere Baureihen 435 und 427

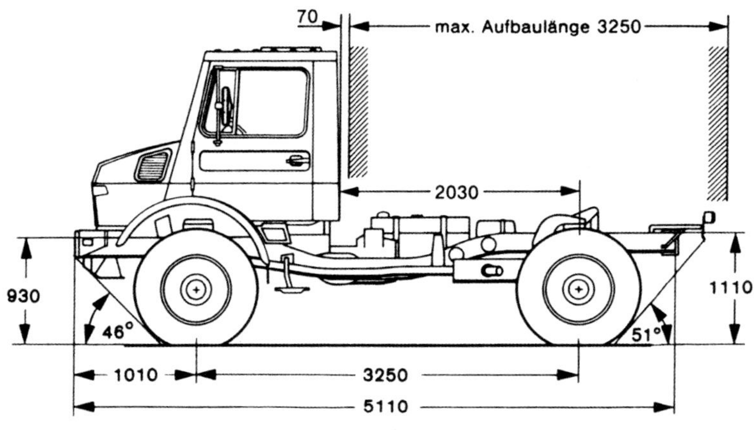

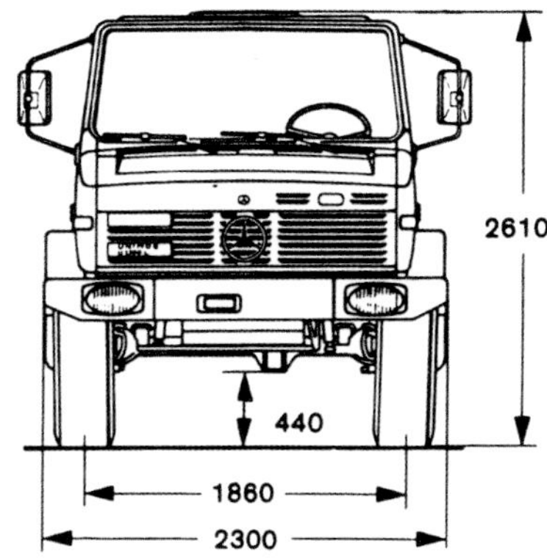

Baureihe 435 / U 1300 L
Bauzeit: 1975 bis 1990, 130 PS, 30.726 Stück, 1700 L mit 168 PS.

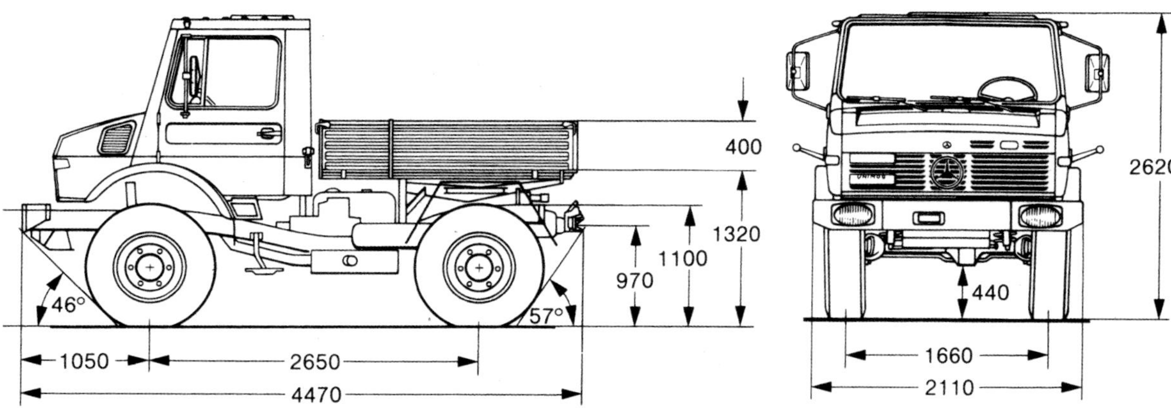

Baureihe 427 / U 1600
Bauzeit: 1988 bis 2002, 125 bis 170 PS, Stückzahlen: 2.274, 1650 L (214) mit 240 PS.

Schwere Baureihen: Erweiterte Einsatzgebiete

U 1300 L als Leitungsfahrzeug bei einer Geländeveranstaltung in Aufenau/ Hessen

Unten links: Bei Veranstaltungen immer die Highlights

Unten rechts: **U 1300 L** der FF Northeim: Präsentation auf einer Mercedes-Benz Fahrzeugmesse.

Schwere/mittelschwere Baureihen: U 20 und UGN

Der U 20 wurde erstmals auf der Nfz-IAA im Jahre 2006 präsentiert. Ende 2007 begann im Mercedes-Lkw-Werk in Wörth am Rhein die Produktion. Das gefederte Frontlenker-Fahrerhaus ist kompakt und standardmäßig sehr komfortabel. Vieles am U 20 erinnert an einen kleinen Lkw. Der Einstieg ist vor der Vorderachse und der Innenraum bietet viel Kopf- und Bewegungsfreiheit. Auf der Mittelkonsole finden sich sämtliche Bedienelemente und die Anbaugeräte hat der Fahrer immer im Blickfeld. Das komplette Fahrerhaus (Accelo) kommt aus dem Schwesternwerk Brasilien. Das Fahrerhaus wird bereits in Brasilien ausgebaut, lackiert und per Container nach Deutschland verschifft. Der kraftvolle und verbrauchsgünstige Diesel OM 904 A erfüllt, dank der Mercedes-Benz Blue-Tec-Technologie, bezüglich Emissionen alle EU-Normen. Das synchronisierte, elektropneumatische Schaltgetriebe aus der Gaggenauer Produktion hat wahlweise bis zu 16 Vorwärts- und 14 Rückwärtsgänge. Frontzapfwelle und Nebenabtrieb erlauben den Anbau von Gerätschaften in drei Anbauräumen über definierte Anbaupunkte.

Dem Fachmann fällt auf, dass viele Komponenten und Baugruppen des U 20 (Baureihe 405.050) vom U 300, der UGN-Baureihe 405 stammen. So zum Beispiel der modifizierte Rahmen (kleinerer Querschnitt) und die Achsen.

Der U 20 wurde als Feuerwehrfahrzeug, wegen seiner reduzierten Maße und Gewichte, hauptsächlich in südlichen Ländern wie Italien, Portugal und Spanien eingesetzt. Die ganz große Feuerwehr-Karriere blieb ihm verwehrt, denn die Konkurrenz war im eigenen Haus.

U 20: Auf einen Blick

Produktionszeit	2007 bis 2015
Motor	OM 904 LA (Euro 4)
PS / Hubraum	150 PS / 4.250 ccm
Getriebe	UG-100, Daimler-Benz
Baumuster	405.050
Fahrerhaus	Accelo aus Brasilien, 3 Sitzplätze
Radstand	2.700 mm
Spurweite	1.768 mm
Grundpreis	65.000 Euro

Baureihe 405/ U 20 (Bauzeit 2007 bis 2015).

Baureihe 405/ UGN (Bauzeit: 2000 bis 2015).

Schwere/mittelschwere Baureihen: Baureihe 405, Geräteträger UGN

Die Baureihe 405/UGN beinhaltet 14 Baumuster. Sie sind in den Leistungsklassen 150 bis 279 PS zu haben. Diese Motoren-Power aus dem Mercedes-Benz Motoren-Baukasten garantierten die damaligen Euro-3-Vierzylinder OM 904 LA und der Sechszylinder OM 906 LA. Der U 500 mit 279 PS ist 2001 der stärkste je gebaute Unimog. Als Getriebe ist das bewährte Schaltgetriebe UG 100-8 bzw. die hydrostatische Variante im Einsatz. Für einen U 500 mussten 2005 schon mal um die 98.000 Euro hingeblättert werden. Gerätekosten hierbei nicht mit eingerechnet.

Auf die bewährte und patentierte Schubrohrtechnik wurde verzichtet. Die Längsführung übernahmen zwei Längslenker sowie ein Stabilisator. Das System mit den bisher bewährten progressiven Schraubenfedern blieb unverändert. Der neue, relativ kostengünstige Rahmen mit geraden Längsträgern, eingeschraubten Querrohren sowie geschraubtem Querträger bewirkte trotz der geänderten Achsaufhängung noch eine beachtliche Geländegängigkeit und der Antrieb wurde mit permanentem Allradantrieb ausgestattet. Damit war der Begriff »Geländegängiger Geräteträger« geboren. Das leichte Fahrerhaus für drei Personen, aus glasfaserverstärktem Faserverbund-Kunststoff mit stahlverstärkten Tragrahmen und Überrollbügeln, wurde im elsässischen Molsheim hergestellt; ein Werk, das nur 50 Kilometer von Gaggenau entfernt liegt und zum Mercedes-Benz-Konzern gehört. Für den Einmannbetrieb hat Mercedes-Benz eine als Sonderausstattung lieferbare Wechsellenkung »VarioPilot« angeboten.

Bei den Feuerwehren spielte der UGN eine relativ unbedeutende Rolle. Hauptkunden waren die Schweiz und Frankreich.

Eine Feuerwehr in der Schweizer Armee hat in zwei Margen 25 **Unimog Typ UGN/U 400** mit gelber Farbgebung beschafft. 15 im Herbst 2001 und zehn Stück im Herbst 2002.

Bilder rechts:
(oben) Antriebskonzept **UGN** ohne die klassischen Schubrohre
(unten links) Gerätekonzepte und (unten rechts) eine der möglichen Varianten im Einsatz.

Schwere/mittelschwere Baureihen:
UGN-UnimogGeräteträger-Neu

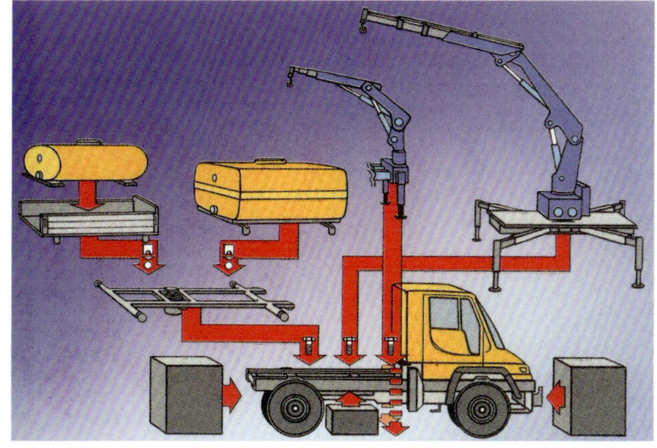

Schwere Baureihen: Zweiwege-Unimog „Straße-Schiene"

Die Stuttgarter Berufsfeuerwehr hatte über viele Jahre einen Zweiwege-Unimog 1200 der Baureihe 424 im Einsatz. Auf den Seitenflächen stand in großen Buchstaben »STRASSE-SCHIENE«. Dieser Unimog war in der Ausführung ein Rüstwagen (RW) mit einer hydraulisch klappbaren Plattform am Heck. Da die Stadt ab dem Marienplatz bis hoch nach Degerloch (207 Höhenmeter) mit der »ZACKE« (Zahnradschienenbahn) bei Steigungen bis zu 18 Prozent ausgebaut ist, bot sich diese Lösung mit dem Zweiwege-Unimog an. Auch mögliche Unfälle und Wartungsarbeiten mit Straßenbahnen, im ganzen Stadtgebiet, fielen in sein Ressort.

Auf die Gleitkufen folgten Spurrollen Bereits in den 1950er-Jahren hatte der zuständige Dezernent für den Bahnbetrieb in München die Idee, den Unimog im Rangierbetrieb und auf den Straßenbahnschienen einzusetzen. Die Innenkante der Schienenspur mit 1,25 Metern passte geradezu ideal zum Unimog. Daraufhin wurden Spurhalter als Gleitkufen entwickelt. Erste Testfahrten folgten, in Anwesenheit der Firma Beilhack aus Rosenheim, von München nach Prien. 1960 nahm sich Beilhack des Themas an und optimierte die Zweiwegeeinrichtung. Die Kufen wurden relativ bald von Spurrollen abgelöst, was auf dem Markt den Durchbruch bedeutete.

In Deutschland etablierten sich mit RIES, ZWEIWEGE und ZAGRO gleich mehrere Firmen mit den Rollen auf Schienen. Ab 1974 war der Firmenname ZAGRO Bahn- und Baumaschinen GmbH. Zuvor hieß die Firma Zappel KG. ZAGRO setzt sich zusammen aus Zappel+Grombach = ZA+GRO. Mit der Entwicklung einer Schienenführung für Schmalspurgleise zum Anbau von Mercedes-Basisfahrzeugen wurde der erste Kontakt nach Gaggenau geknüpft. ZAGRO lieferte 1984 einige Schmalspurfahrzeuge auf der Basis des Unimog U 406 nach Südafrika.

Baureihe 405, Typ U 400 umgerüstet von der Firma ZWEIWEG. Dieser Unimog wurde 2002 im Werk Gaggenau vom Buchautor Vogler fotografiert. Der Fahrer gab damals zur Auskunft: »Dieser Zweiwege-Unimog steht vor der Auslieferung zur Aufbaufirma Metz/Rosenbauer in Karlsruhe. Später wird er angeblich in der Marinefeuerwehr in Marseille eingesetzt.«

Feuerwehr im Einsatz: Großeinsatz nach drei Bränden in einer Nacht

Im hier beschriebenen Feuerwehreinsatz im Bodenseekreis (FN) sind alle Basis- oder Grundaufgaben wie löschen, bergen, schützen und retten enthalten. Hierbei wird einmal mehr klar, mit welchen schwierigen Aufgaben dieser meistens freiwillige Personenkreis konfrontiert wird. Einer der wichtigsten Fakten sind neben einer professionellen Ausbildung auch die schnellen Feuerwehr-Einsatzfahrzeuge.

Bodenseekreis im Mai 2022: *Kurz vor 3.00 Uhr wurde die Feuerwehr Markdorf/Bodensee zu einem brennenden Stall außerhalb der Stadt alarmiert. Bereits bei der Hinfahrt hat die Feuerwehrbesatzung starkes Feuer ausgemacht. Vor Ort dann die Bestätigung, der Stall und eine Garage standen bereits in Flammen. Ein Grund mehr, den Alarm-Code anzuheben. Das bedeutete, dass weitere Kräfte bzw. Feuerwehren zum Einsatz kommen müssen. Darunter eine Drehleiter aus dem 15 Kilometer entfernten Immenstaad. Die primäre Erstmaßnahme galt dem nahegelegen Doppelwohnhaus sowie den Bewohnern, die durch starke Hitze und Funkenflug stark gefährdet waren. Tiere hat der Eigentümer bereits aus den Stallungen geholt und in Sicherheit gebracht. Mittlerweile waren die Feuerwehren aus weiteren fünf Gemeinden eingetroffen. Als sehr kritisch erwies sich die Löschwasserversorgung, in diesem Außenbereich. Grund genug, die Feuerwehr Friedrichshafen mit einem Tanklöschfahrzeug anzufordern. Als wäre dieser Brand nicht schon genug, folgte circa 30 Minuten später in Sichtweite ein weiterer Brand. Der zum Kindergarten umfunktionierte Bauwagen brannte lichterloh. Ein Tanklöschfahrzeug der FF Salem und die FF-Abteilungen aus dem benachbarten Orten wurden von der Zentrale dorthin beordert. Der Bauwagen war zwar nicht mehr zu retten, aber die Feuerwehren konnten ein Übergreifen in den naheliegenden Wald verhindern. Man kann es kaum glauben, aber es folgten in der gleichen Nacht, nachdem die ersten beiden Brände unter Kontrolle waren, zwei weitere Brandmeldungen. Während es sich im Markdorfer Bildungszentrum um eine Fehlmeldung handelte, war der weitere Brandherd eine landwirtschaftliche Scheune. Die dorthin beorderten Löschfahrzeuge konnten den Brand in kürzester Zeit löschen. In Summe waren in dieser Nacht 115 Einsatzkräfte mit 25 Fahrzeugen, sowie das DRK mit zwölf weiteren Helfern, im Einsatz. Kommentar eines Feuerwehrmannes: »Das war zwar kein typischer Fall aus dem Alltag, aber ähnliches kommt unterjährig schon gelegentlich vor.«*

Quellen: SÜDKURIER, Schwäbische Zeitung sowie Feuerwehr-Fachjournale (Original stark gekürzt)

Hier die Aufnahme eines anderen Einsatzes der Markdorfer Feuerwehr: Ein Großbrand in einem Verlagsgebäude in Markdorf (Bodenseekreis) hat in der Nacht zum Samstag (17. Januar 2009) einen Schaden von 500.000 Euro angerichtet. Aus bisher ungeklärter Ursache war der Brand im ersten Obergeschoss des Hauses ausgebrochen, teilte die Polizei mit. Da zwischenzeitlich die Flammen auf Nachbargebäude überzugreifen drohten, mussten diese evakuiert werden. Während des Einsatzes von Feuerwehr und Polizei wurde die Straße vor dem Gebäude komplett gesperrt.
Foto: Picture Alliance/Christian Gorber

Feuerwehr im Einsatz: Großbrand in Baden-Baden

Da kam selbst die Feuerwehr zu spät. Dieser frisch restaurierte U 406 wurde ein Raub der Flammen. Nichts war mehr zu gebrauchen, denn alle Stahl- und Blechteile glühten aus. Gummi, Glas und Kunststoffe verpufften in der Luft. Selbst die Ursprungsfarbe war nicht mehr zu erkennen. Ort des Schadens im Jahre 2008: ein Stadtteil von Baden-Baden. Ursache ist vermutlich Brandstiftung.

Schwere Baureihen: Unkaputtbarer Unimog

Unimog-Veteranen sind »Alte Schätze« Viele Unimog, die täglich noch Einsätze fahren, sind älter als 30 Jahre. Manche Feuerwehrleute sind oft deutlich jünger als diese Allrader aus Gaggenau. Im Hochglanz-Feuerwehrmagazin Nr. 11/2022 werden sie liebevoll »Schätze« genannt. Bereits im November 2002 hat dieses Magazin »Alte Schätze«, beginnend mit dem Baujahr 1972, bei Feuerwehren vorgestellt. Unimog werden dabei respektvoll als »unkaputtbar« bezeichnet. Das Magazin definiert »Alter Schatz« wie folgt: Ein Feuerwehrfahrzeug ist dann ein »Alter Schatz«, wenn selbiges mindestens vor 30 Jahren das erste Mal zugelassen worden ist und immer noch in der Alarm- und Ausrückordnung geführt wird. Fahrzeuge, die nur noch zu besonderen Anlässen fahren oder präsentiert (z. B. Museum) werden, zählen nicht dazu.

Es macht viel Spaß auf die Seiten im Magazin zu den »Alten Schätzen« zu blättern. Wir finden dabei den IFA W 50 genauso wie den Mercedes 1222/36 AF sowie den Mercedes 711 D. Natürlich ist auch der Unimog 1300 L mit TSF-Aufbau von ZIEGLER, der ursprünglich ein LF 8 war, vertreten.

U 1300 L Doka mit Metz-Aufbau der Freiwilligen Feuerwehr Burbach bei Marxzell, Nähe Bad Herrenalb. Dieser Unimog wurde vor wenigen Jahren durch einen LF10 MAN ersetzt.

Feuerwehr im Einsatz: Vegetationsbrände

Waldbrände und Flurbrände Der Klimawandel stellt uns vor völlig neue Herausforderungen bei der Bekämpfung von Vegetationsbränden. Darum braucht die Feuerwehr hochprofessionelles Gerät und Spezialfahrzeuge für spezielles und spezialisiertes Personal. Bei den eingesetzten Fahrzeugen werden primär hochgeländegängige Tanklöschfahrzeuge empfohlen.

Ein Flurbrand breitet sich im Freien am Boden aus, in Abgrenzung zum Waldbrand jedoch auf offener Flur. Waldbrände und Flurbrände sind Vegetationsbrände. Sie können rasch eine große Ausdehnung annehmen und zu Flächenbränden werden.

Flurbrände treten besonders bei extremer Trockenheit und hohen Lufttemperaturen auf. Häufig sind hiervon Wiesen betroffen, aber auch agrarwirtschaftliche Nutzflächen, die teilweise in der normalen Anbauweise sehr trocken werden, typisch etwa bei Getreide und Mais, aber auch vertrocknete Kulturen (kurz vor der Ernte).

Flurbrände können – wie alle Brände – unterschiedliche Auslöser haben, sind jedoch häufig das Ergebnis von fahrlässiger oder mutwilliger Brandstiftung.

Daimler-Truck **U 5023** Rosenbauer-Aufbau als Tanklöschfahrzeug beim Einsatz eines Flurbrandes.

Feuerwehr im Einsatz: Neuzeit Baureihen

Schnelligkeit ist ein gutes Pfand gegen die Ausbreitung des Brandherdes, Aufbau Rosenbauer.

Links: Auf dem Weg zum Waldbrandeinsatz. **Unimog Typ 5023/UHE**, Aufbau Lentner/Henne.

Neuzeit Baureihen: Baureihe 437.4 UHE, Typ U 5023

Das Unimog-Modell UHE der Baureihe 437.4 ist bei der Daimler-Truck AG seit 2014, im Bereich hochgeländegängiger Unimog, ein regelrechtes Premiumfahrzeuge. Damit scheint die AG für das 21. Jahrhundert bestens aufgestellt zu sein. Mit der Mercedes-Benz Blue EFFICIENCY Power-Technologie ist man bezüglich Erfüllung der höchsten Abgasnorm vorbildlich unterwegs. Diese Baureihc ist, in Abhängigkeit von Kundenanforderungen, mit der neuen Abgasnorm EURO 6 sowie auch noch mit den Abgasnormen EURO 3 und 5 lieferbar. Die Fahrzeuge sind heute in ihrer Klasse kompromisslos auf Umweltschonung, Wirtschaftlichkeit und Performance sowie auf den Einsatz bei der Feuerwehr ausgelegt.

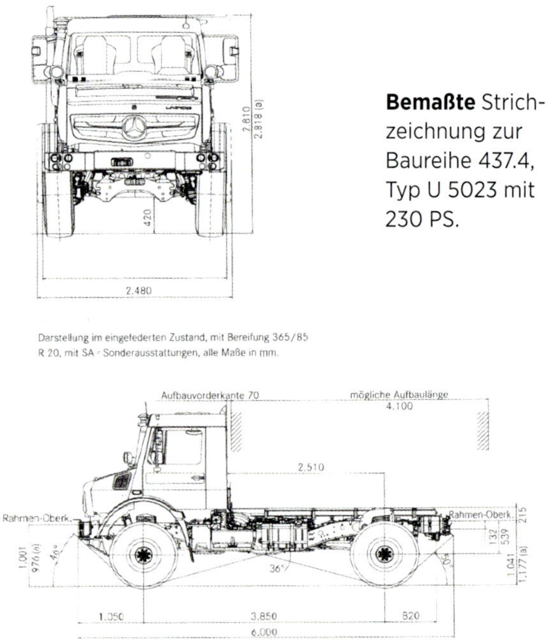

Bemaßte Strichzeichnung zur Baureihe 437.4, Typ U 5023 mit 230 PS.

Darstellung im eingefederten Zustand, mit Bereifung 365/85 R 20, mit SA = Sonderausstattungen, alle Maße in mm.

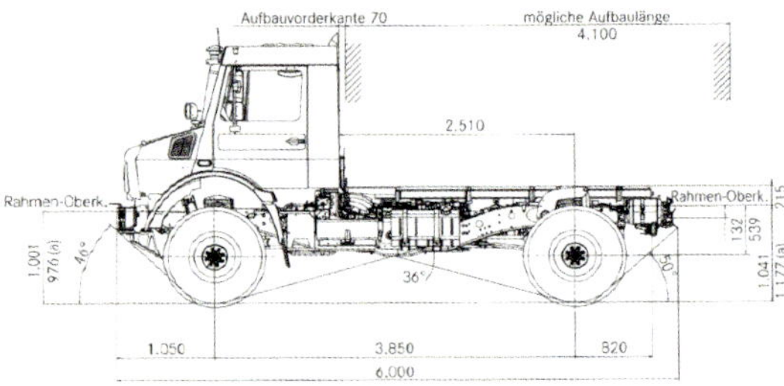

Typ 5023 als TLF 3000 der Firma Bleses für 3.000 Liter Löschwasser.

Neuzeit Baureihen: Feuerwehr im Testgelände

Schikanen und Hindernisse im Grenzbereich Was früher das Testgelände Sauberg in Gaggenau war, ist heute die Großtestanlage bei Ötigheim, Nähe Rastatt.

Das rund 50.000 Quadratmeter große Daimler-Nfz-Testgelände befindet sich in einer ehemaligen und mit Gestrüpp überwucherten Kiesgrube. Im Laufe der Jahre wurden unzählige Hindernisse und Schikanen eingebaut. Felsen, Steine, schlammiger Boden, Baumstämme, Gräben, Wasserläufe sowie Auf- und Abfahrten von bis zu 100 Prozent machen diese Geländefahrten auch für altgediente Testfahrer zur Herausforderung. Auf den ersten Blick sind für den Besucher viele dieser Hindernisse nicht zu bewältigen. Aber da haben sie den Unimog unterschätzt. Die Fahrstrecke zum Ausloten der Grenzbereiche dient der Daimler-Truck AG als Testgelände. Neuerdings werden hier auch Feuerwehr-Fahrertrainings unter fachlicher Betreuung und Anleitung von Daimler-Testfahrern und -Trainern durchgeführt. Einer der Trainer ist Klaus Bäuerle, der 18-mal die Rallye Paris-Dakar mit dem Unimog gefahren ist. Namhafte Feuerwehr-Aufbaufirmen nutzen die Teststrecke, um ihre Produkte vorzuführen beziehungsweise zu testen. Viele dieser Events stehen auch unter der Betreuung und Leitung des Unimog-Museums in Gaggenau. Siehe auch Seite 76.

Feuerwehr-Aufbaufirmen testen auf den über 230 PS starken **Unimog UHE** und **UGE** ihre Aufbauten. Auf dem Foto von links, Fahrzeuge der Firmen Schlingmann, BAI und Rosenbauer.

Neuzeit Baureihen: Feuerwehr im Testgelände

Vorne: MT Forest-Rosenbauer TLF 3800/150-W auf **U 5023**, 170 kW, 231 PS, Getriebe UG 100 E, Besatzung 1+2, Waldbrandlöschfahrzeug mit 3.800 Liter Wassertank sowie ferngesteuerter Frontwerfer-Löschanlage RM 15C auf Stoßstange für Flächenbrände, Watfähigkeit 120 cm, zulässiges Gesamtgewicht 14.500 kg.

Im Daimler-Truck-Testgelände: Schlingmann TLF 3000 VARUS 4 x 4 **Baureihe 437.4 UHE, Typ U 5023**, universeller Tanklöschfahrzeugaufbau in Edelstahl-Aluminium-Verbundbauweise.

Neuzeit Baureihen: Feuerwehr im Testgelände

Ob hoch oder runter, im Bauch kribbelt es immer.

Hier zeigt der **Unimog UHE** auf hohem Niveau seine Geländetauglichkeit. Schön zu sehen, wie sich das Unimog-Fahrerhaus getrennt vom Schlingmann-Feuerwehraufbau frei bewegt.

Neuzeit Baureihen: Maximale Wattiefe

120 Zentimeter Bei Hochwasser oder bei Durchfahrten durch Gewässer zeigt sich das System mit den wassergeschützten Aggregaten von seiner besten Seite. Der hochgezogene Ansaugkamin und die hochgelegten Entlüftungsleitungen erlauben bei der Baureihe 437.4/UHE eine Watfähigkeit von 120 Zentimetern Wassertiefe.

Unterschiede zwischen U 4023 und U 5023 Beide Baumuster haben viele Ähnlichkeiten und trotzdem gibt es bedeutende Änderungen wie bei den Achsen, Reifen und Gewichten. Beide gehören zur Baureihe 437.4 / UHE*.

Baureihe 437.4/ UHE (Fa. Henne), Aufbau: Auxilium/ Lentner GmbH.

Typ	U 4023	U 5023
Vorderachse	Baumuster 737.367	Baumuster 737.223
Hinterachse	Baumuster 737.367	Baumuster 737.223
Kleinste Bereifung (Reifen/Felgen)	335/80 R20	365/80 R20
Größte Bereifung (Reifen/Felgen)	425/75 R20	455/70 R24
Zul. Gesamtgewicht	10,3 t	15,0 t
Max. Gewicht auf Vorderachse	4,6 t	6,4 t
Max. Gewicht auf Hinterachse	6,0 t	8,8 t

*__UHE__: UNIMOG-Hochgelände-gängig-Euro 6/ Evolution.

Neuzeit Baureihen: Feuerwehr-Geräteträger* UGE

Im Fokus mit dem neuen Geräteträger (UGE**) ist die Erfüllung aktueller Abgasnormen sowie verbesserte Technik und Wirtschaftlichkeit im Ganzjahreseinsatz. Im Frühjahr 2013 wurde im damaligen Mercedes-Benz-Werk in Wörth am Rhein die neu entwickelte Geräteträgergeneration der Baureihe 405 vorgestellt. Die neue Generation erhielt ein optimiertes Fahrerhaus mit sehr guten Sichtverhältnissen, neu gestaltetem Kühlergrill, ähnlich dem UHE. Ebenso wurden der Triebstrang und die Hydraulikanlage grundlegend verbessert. Das Herzstück der neuen Generation sind modernste Dieselmotoren, die den je nach Einsatzzweck und Nutzerland derzeit gültigen Abgasnormen Euro 5, Euro 6 und Tier 4F entsprechen. Die Fertigung der Vorgängertypen UGN und U 20 endete 2015. Diese neue Unimog-Generation wurde in der Gesamtheit deutlich wendiger und kompakter. Die Radstände bewegen sich von 2.800 mm beim U 216 bis auf 3.900 mm beim U 530 und seit 2021 beim U 535 mit 345 PS.

Die komplett überarbeitete Fahrgastzelle für zwei Personen bietet eine verstellbare Lenksäule, die dem Fahrer eine ergonomisch gesunde Sitzhaltung anbietet. Alle Funktionen der Bedieneinheiten lassen sich bequem steuern. Der bequeme Durchstieg vom Fahrer- zum Beifahrersitz ist dann wichtig, wenn das Fahrzeug beim Einsatz von rechtsarbeitenden Gerätschaften mit der bekannten Wechsellenkung (VarioPilot) ausgestattet ist. Das zulässige Gesamtgewicht beim UGE beträgt je nach Typ 7,49 t bis 16,5 t.

Die dreistellige Typenbezeichnung, wie zum Beispiel U 213, U 323 oder U 430 ergibt sich aus der Größenklasse mit den ersten Ziffern U 2, U 3, U 4, während die zweite und dritte Ziffer zum Beispiel 13, 23 oder 30, multipliziert mit zehn, die gerundete Leistungsangabe in PS angibt.

Fazit: Der UGE besticht durch modernste Nutzfahrzeug-Technologie und herausragende System- und Geräteträgerkompetenz auch im Einsatz bei den Feuerwehren.

*»Feuerwehr-Geräteträger« ist eine Wortneuschöpfung des Autors.

**UGE: Unimog-Geräteträger-Euro 6/Evolution.

Rechts oben: Unimog UGE als »Waldbrandbekämpfungsmaschine« der Feuerwehr Wernigerode/Schierke.

Rechts: Typ U 213 der Stadt Linz mit Rosenbauer-Aufbau.

Neuzeit Baureihen: Feuerwehr-Geräteträger UGE

Vor dem Unimog-Museum:
Baureihe 405, Baumuster 405.125, U 430, Typ UGE, 299 PS, Aufbau BAI für Waldbrandbekämpfung.

Schnittzeichnung vom U 430, BM 405.125.

Typ U 430

A	3.600 mm
B	2.900 mm
C	2.200 mm
M	1.407 mm

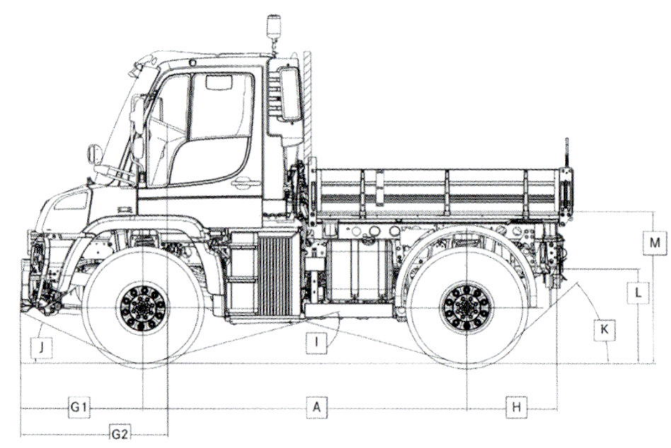

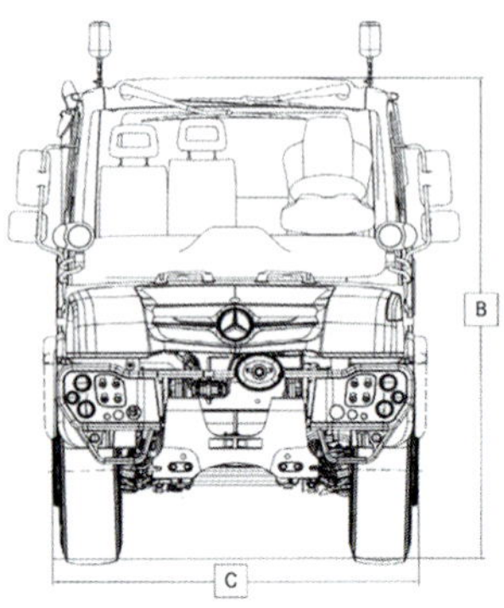

Unimog-Spezial: Exoten im Einsatz

Frankreich

Schweres Einsatzfahrzeug für Katastrophenfälle, Baureihe **437.1,** U 2450 L 6 x 6.

Kanada

In Prince Rupert an der Pazifikküste, ein Unimog-ähnliches Feuerwehrfahrzeug.

Deutschland

Unimog-S als Sperrfahrzeug, anstatt Betonklötze, auf dem Weihnachtsmarkt in Baden-Baden.

Italien

U 403 mit rotem Aufsetzmodul als vollwertiges Feuerwehrfahrzeug. Ohne dieses Modul ist der Unimog ein ganz normales Kommunalfahrzeug in Golfo di Marino. Im Einsatz hat der Unimog eine Feuerlöschpumpe mit 250 Litern Leistung pro Minute mit an Bord.

Unimog-Spezial: Modell-Feuerwehren

Rund 1.000 unterschiedliche Modelle des Unimog in diversen Maßstäben, Materialien, Farben und Detaillierungen in zivilen, militärischen Ausführungen sowie als Feuerwehren, setzen den Unimog-Typen ein respektables Denkmal. Unimog/MB-trac-Modelle, aller 32 Unimog- und vier MB-trac Baureihen, gibt es hauptsächlich in den Maßstäben 1:87 und 1:43.
In größeren Stückzahlen sind es Firmen wie Schuco, Wiking, Minichamps u. a., die über einige Jahre bis heute sehr gelungene Nachbildungen der einzelnen Feuerwehr-Baureihen in den Handel brachten.

Links oben: Unimog S/TroLF 750 (Minichamps).

Rechts oben: Unimog S/ LF 8 TS (Schuco).

Rechts unten: U 1300 L (Wiking).

Unimog im Dienst der Feuerwehr

Leichte, geländegängige Fahrzeuge waren bei den Feuerwehren schon immer gefragt. Ab Anfang der fünfziger Jahre bot sich die nahezu ideale Lösung: der Unimog. Als Zugfahrzeug für den Tragkraftspritzen-Anhänger mit Sitzgelegenheiten für Mannschaften oder mit Wechselaufbauten.

Zahlenmäßig zum Durchbruch kam der Unimog jedoch erst mit den Anforderungen des zivilen Bevölkerungsschutzes. Hier wurden geländegängige Feuerwehr-Fahrzeuge nachgefragt für die „Feuerwehrbereitschaften des Luftschutzhilfsdienstes".

Der Siegeszug des Unimog bei Berufs-, Werk- und freiwilligen Feuerwehren in aller Welt, bei Bundeswehr und ausländischen Armeen war nicht mehr aufzuhalten. Individuelle Ausstattungen, vielfältige Aufbauformen und variables Zubehör wurden für den jeweiligen Besteller realisiert.

Was mit den Baureihen 2010/401 begann, hat sich zum High-Tech-Gerät mit einem Gesamtgewicht bis zu 16 Tonnen entwickelt, mit permanentem Allrad-Antrieb, ABS und Differentialsperren, Telligent-Schaltung und Vario-Polot-Lenkung. Eines aber ist geblieben: die sprichwörtliche Zuverlässigkeit im härtesten Einsatz!

Unimog 411 Typ U 30 - 30 PS Diesel „Werkfeuerwehr Fritz Häuser GmbH"
Mannschafts- und Material-Transportfahrzeug und Zugfahrzeug für Tragkraftspritzen-Anhänger (TSA) für den „Erstlöschangriff".

Unimog 411 Typ U 30 - 30 PS Diesel „Gemeinde Helgoland"
Mehrzweckfahrzeug für Transport- und Zug-Aufgaben in der Kommune und bei der Freiwilligen Feuerwehr auf „Deutschlands bekanntester Insel".

Unimog S Typ 404-15 - 82 PS Vergaser „Freiwillige Feuerwehr - Stadt Gaggenau"
mit 2-Achs-Anhänger von „Müller - Mitteltal". Hochwasserbekämpfung an der Murg bei Gaggenau, z.B. am Mercedes-Benz-Testgelände „Sauberg".

Unimog 406 Typ U 65 - 65 PS Diesel „Werkfeuerwehr BAYER"
Das dank kurzem Radstand sehr wendige Mehrzweckfahrzeug mit hoher Zuglast transportiert schwere Schaummittel- und Geräteanhänger innerhalb des Werksgeländes.

Unimog U 1700 Typ 424 - 125 PS Turbodiesel „Werkfeuerwehr Jülich - Kernforschungsanlage"
Gerätewagen für den „Ganzjahreseinsatz". Mit Schneeschild und Streuaufsatz im Winterdienst. Ohne im Transportdienst, auch mit Anhänger.

Unimog U 1700 Typ 435 - 168 Turbodiesel „Werkfeuerwehr MERCK - Darmstadt"
Mit „Rotzler-Treibmatic Mittelrahmenseilwinde". Zur Bergung von Fahrzeugen und Eisenbahnwagen. Hydraulikkran zum Umsetzen schwerer Lasten. Aufnahme für Frontanbaugeräte.

Rechts: Modell-Set von Wiking für eine Unimog-Feuerwehr-Ausstellung.

Unimog-Spezial: »Ehemalige« als Weltenbummler

Nach dem oftmals schweren Alltagsdienst bei der Feuerwehr haben es die »Ehemaligen« verdient, in die Welt hinaus reisen zu dürfen. Bei den großen Treffen der Weltenbummler fällt auf, dass sich dort immer mehr »Rote Unimog« aller Typen treffen. Beim Umbau zum Wohnkoffer können die Besitzer meistens das vorhanden Rahmen-Trägersystem nutzen. Siehe Seiten 25 und 43 in diesem Buch.

Links: U 1300 L – Rechts: U 2150 L – Unten: U 1550 L.

Besonders beliebt ist bei diesem Hobby die preislich noch erschwingliche Baureihe 435 mit dem Baumuster 115 (ehemals Bundeswehr). Hier bewegen sich Unimog-Camper bei den Motordaten zwischen 136 und 168 PS.

Unimog-Spezial: Fahrertraining für Unimog-Einsatzfahrzeuge

Zu Beginn des Fahrertrainings im Daimler Truck-Nfz-Testgelände konnten die Teilnehmer der Feuerwehren ihre leichte Nervosität nicht verbergen. Es wurde diskutiert über Geländeschräglagen von 30 bis 40 Grad, Steigungen bzw. Gefälle mit bis zu 100 Prozent oder über das Überfahren von Felsbrocken.

Die Feuerwehr-Fahrzeugpiloten kamen zu diesem Event aus den Regionen rund um Karlsruhe. Zusätzlich waren Gäste mit ihren Unimog 1300 L aus dem Hochwassergebiet Ahrweiler mit dabei. Auch einzelne Abteilungskommandanten der teilnehmenden Freiwilligen Feuerwehren fuhren über den Geländeparcours. Das Interesse an diesem Extremfahrtraining ist laut Organisatoren aus dem Unimog-Museum riesig. Unimog-Club-Mitglied und Abteilungskommandant Michael Schwall von der FF Sulzbach bei Ettlingen ist dabei die Kontaktperson zu den Feuerwehren. Viele der Teilnehmer wussten, dass man eigentlich mit dem geländegängigen Unimog in jeglichem unwegsamen Gelände an den Brandherd oder Katastrophenfall vordringen kann, aber man musste das Universalmotorgerät aus Gaggenau auch in allen Lagen beherrschen. Unter den sechs bis acht Trainern befindet sich Rainer Hildebrandt, Vorsitzender des Unimog-Clubs Gaggenau, Karl Leib, der Technikchef vom Unimog-Museum, sowie die erfahrenen Geländeexperten Roland, Norbert und Mike, ebenfalls vom Museum. Die Trainer erklären sehr anschaulich und nachvollziehbar, welche technischen Hilfsmittel beim Unimog abgerufen werden können um, hier im Testgelände alles zu beherrschen. Siehe hierzu auch die Seiten 67 bis 69 in diesem Buch.

Baureihe 437.4 UHN, U 4000 der FF Philippsburg (Kreis Karlsruhe) auf der Trainingsstrecke.

Unimog-Spezial: Fahrertraining für Unimog-Einsatzfahrzeuge

Bei 80 Prozent Gefälle haben doch einige große Probleme mit der Bremse und mit der Wahl des geeigneten Ganges. Auf dem Foto oben: **U 1300 L** (ehemals Bundeswehr). Der Unimog ist ein Geschenk einer Tagebaufirma an die Feuerwehr Altenahr/Dernau, anlässlich der Hochwasserkatastrophe im Sommer 2021 im Ahrtal.

Links: Im anspruchsvollen Felsengelände.

Unten: Unimog der Kursteilnehmer.

2 *Dienst beim THW*

Organisation, Aufgaben: 80.000 THW-Mitarbeiter

Unimog U 1300 L des OV Lahr im Hochschwarzwald.

Das Technische Hilfswerk (THW) mit Sitz in Bonn ist eine Hilfsorganisation des Bundes, mit der Hauptaufgabe der technischen Hilfe. Es ist dem Bundesinnenministerium unterstellt. Weit über 90 Prozent der über 80.000 THW-Helfer sind ehrenamtlich tätig. Die regionale Geschäftsführerstelle für Baden-Württemberg ist in Freiburg. Für die Dokumentation im Buch »UNIMOG im Einsatz« haben wir den THW-Ortsverband Lahr in Südbaden ausgesucht.

Organisation des THW Der Ortsverband (OV) Lahr hat einen Technischen Zug (TZ), der aus einer Bergungsgruppe besteht. Als Ergänzung dient die Fachgruppe Räumen Typ B und eine Fachgruppe Notversorgung und Notinstandsetzung. Der Technische Zug wird vom Zugführer geleitet, während der Ortsverband dem Ortsbeauftragten mit seinem Stab untersteht. In Lahr sind ständig etwa 35 bis 40 aktive Helfer abrufbar, dazu kommen in etwa 20 Reserve- und Althelfer. Die Helfer kommen zu einem großen Teil aus dem ehemaligen Kreisgebiet Lahr, das in etwa auch den Zuständigkeitsbereich des OV Lahr darstellt. Ein großer Vorteil bei der Hilfe durch das THW liegt darin, dass Lahr auch auf die Spezialausrüstungen beziehungsweise Fachgruppen anderer Ortsverbände umgehend zugreifen kann. Das sind zum Beispiel: Kranwagen, Bergeräumgerät wie Radbagger, Stromaggregate, Brücken- und Stegebau, Bootsbetrieb, Sprengthemen, Behelfsbrunnenbau, Ortungsgeräte und Suchhunde. Eigentlich gibt es **nichts, wo der THW nicht helfen kann!**

Organisation, Aufgaben: Hintergrund zur blauen THW-Farbe

Die THW-Fahrzeuge, Bekleidungen und viele Teile der Ausrüstungen des Technischen Hilfswerkes sind im Blauton RAL 5002, Ultramarinblau, gehalten. Der Hintergrund dafür liegt in der Zeit nach dem Zweiten Weltkrieg. Die Fahrzeuge von Bergungszügen, die damals nicht nur dem THW, sondern auch den Feuerwehren unterstellt waren, hatten die blaue Farbe. Damit konnte man die in Rot gehaltene Feuerwehr für die Brandbekämpfung und die blauen Fahrzeuge für Bergungsarbeiten besser unterscheiden. Die blauen Bergungszüge hatten die primäre Aufgabe Menschen zu retten, Tiere und Sachwerte zu bergen sowie die Infrastruktur wieder herzustellen. 1995 wurden die typischen Bergungszüge im Rahmen einer bundesweiten Umstrukturierung des THW durch Technische Züge ersetzt, die blaue Farbe blieb erhalten und entwickelte sich zu einem weltweiten Erkennungszeichen des Technischen Hilfswerkes.

Unimog-Baureihe 437.4/UHE des THW-Ausbildungszentrums 73765 Neuhausen a. d. F.

Organisation, Aufgaben: Wie unterscheiden sich THW und Feuerwehr

Das THW ist ein »Spezialist« auf dem Bereich der technischen Hilfeleistung, die Feuerwehr ist ein »Generalist«* in allen Bereichen der nichtpolizeilichen Gefahren- und Gefährdungsabwehr. Die Feuerwehr macht primär: Brandbekämpfung, technische Hilfeleistung, Rettungsdienst. Sie hat das breitere Aufgabenspektrum, das THW aber die größere Tiefe in ihrem Sektor.

*Ein Generalist hat eine **Führungsfunktion**, die eine Vielzahl von unterschiedlichen Fähigkeiten und Kompetenzen mit sich bringt. Er ist nicht ausschließlich ein Spezialist auf einem Gebiet.

Großgeräte hat das THW Die Feuerwehr wird meistens zu Einsätzen gerufen, wo schnelle Hilfe benötigt wird. Allerdings hat die Feuerwehr keine großen und schweren Gerätschaften. Das THW wird meistens zu sehr großen Schadensfällen gerufen.

Zwischen dem Deutschen Feuerwehrverband und dem THW besteht seit Mai 2001 eine Kooperationsvereinbarung, die ständig weiterentwickelt und intensiviert wurde. Neben dem Retten von Verschütteten und Bergen von Sachwerten – den Kernaufgaben des THW – unterstützen die Fachgruppen der Einsatzorganisation des Bundes die Feuerwehren unter anderem durch:

- Elektroversorgung und Beleuchtung von Einsatzstellen
- Orten verschütteter Personen
- Einrichten von Einsatzstellen
- Sprengungen
- Retten und Bergen aus Wassergefahren und Bekämpfung von Hochwasser
- Beseitigung von Wasserschäden
- Wiederherstellung der Infrastruktur.

Beide Bilder: **Unimog U 1300 L** als typisches THW-Fahrzeug.

Standardfahrzeuge

Gerätekraftwagen, Mannschaftstransportwagen, Wechsellader – das sind nur drei Beispiele für die Vielfalt der THW-Einsatzfahrzeuge. Zu den Standardfahrzeugen in den Ortsverbänden gehören vielerorts die Schweren Baureihen Unimog. Sie sind den Gerätekraftwagen (GKW) zugeordnet. Das THW-Leistungsspektrum ist groß, denn man muss flexibel auf jede Situation reagieren können. Der THW-Fahrzeugpark ist dementsprechend konzipiert. Das GKW-Fahrzeug besteht im Idealfall, neben seiner drei Personen fassenden Fahrerhauskabine, aus einer Ladefläche mit Ladebordwand. Auf der Ladefläche finden Rollcontainer mit Ausrüstungen Platz. Hier sind Tauchpumpen, Stromaggregate, Beleuchtung, Auf- und Abseilgerät, Hebe- und Ziehgeräte für schwere Lasten und viel Kleinwerkzeug verstaut.

Typbeschreibung

Schwere-Baureihe 437.1, Baumuster 437.136, Typ U 2150 L

Produktionszeit	1989 bis 2003
Leistung	211, 214 oder 240 PS
Stückzahl	1.879
Neupreis	144.000 DM

Mit der Baureihe 437.1 stieß der Unimog in neue Leistungsklassen vor. Erstmals wurde die 200-PS-Marke überschritten. Die Baureihe umfasst 28 Baumuster. Zu dieser Baureihe gibt es Schwerlastgeräteträger und erstmals serienmäßig ein dreiachsiges Fahrgestell. Die Baureihe 437.1 blieb bis 2003 in Produktion, es entstanden davon 10.718 Fahrzeuge.

GKW: U 2150 L als Gerätekraftwagen, kurze Pritsche und Palfinger-Heckkran PK 21000.

*Joche werden zur Aufnahme lotrechter Druckkräfte, die auf eine große Fläche wirken, eingesetzt. Das bedeutet: ein Schwelljoch nimmt die Druckkräfte, die im rechten Winkel zu einer Geraden entstehen auf, um sie ins Erdreich abzuleiten.

THW im Einsatz – Haus drohte einzustürzen

Durch einen Lkw-Unfall wurde ein zweistöckiges Haus an der Bundesstraße so stark beschädigt, dass es droht in sich zusammenzustürzen. Der Ortsverband und Kollegen benachbarter Ortsverbände wurden alarmiert, um das Gebäude zu stabilisieren.

Um 15 Uhr fuhr ein 60-jähriger Lkw-Fahrer mit einem vollen dreiachsigen MAN Kieslaster in ein Gebäude. Das Gebäude wurde durch den Unfall so stark destabilisiert, dass es drohte einzustürzen. Tragende Elemente des Gebäudes lagen auf und neben dem Lkw, sodass bei der Bergung die Gefahr einer weiteren Gebäude-Destabilisierung bestand. Durch die Bergungsgruppen der Ortsverbände wurde das Gebäude abgestützt, damit während der Bergungsarbeiten keine Gefahr bestand. Nach insgesamt fünf Stunden Einsatz konnte der Lkw mittels THW-Kran aus der Hauswand herausgezogen werden. Zur Stabilisierung wurden insgesamt mehrere Schwelljoche und weitere Stützen im Gebäude aufgebaut, um die Statik des Gebäudes wiederherzustellen. Zum Einsatz kamen mehrere GKW-Gerätekraftwagen, Kranwagen und Radlader.*

Vor Ort waren gleichzeitig ein kleiner Zug der örtlichen Feuerwehr und mehrere Polizeistreifen. Die Bundesstraße vor dem Haus wurde bis 20 Uhr komplett gesperrt. Das Gebäude ließ der Besitzer einige Wochen später komplett abreißen. Die Schadenssumme lag bei circa 450.000 Euro.

Beide Bilder: Kraftwagen oder Radlader sind bei Unfällen, wie oben geschildert, unverzichtbare Fahrzeuge.

Daimler Truck und das THW: Daimler Truck spendet Unimog an das THW

Es ist schon einige Jahre her, als Daimler Truck drei neue Unimog der neuesten Euro-6-Generation UHE für die Fuhrparks dreier THW-Ortsverbände spendete.

Der damalige THW-Präsident und der Vorsitzende der THW-Stiftung, sowie ein MdB, nahmen die neuen Fahrzeuge in Stuttgart entgegen. Im Mercedes-Benz-Museum Stuttgart überreichte der für das weltweite Truck- und Busgeschäft verantwortliche Vorstand die Spende der Daimler Truck AG an das THW. Der Vorstand betonte dabei: »Diese Spende war uns ein großes Anliegen, denn für Daimler Truck gehören unternehmerisches Handeln und gesellschaftliche Verantwortung untrennbar zusammen.«

Mit der Spende unterstützt die Daimler Truck AG die Arbeit des Technischen Hilfswerks, besonders die am stärksten von Naturkatastrophen betroffenen Landesverbände. Bei den Fahrzeugen handelte es sich um hochgeländegängige Unimog U 5023 der neuesten Euro-6-Generation. Sie kamen in den Fachgruppen Wasserschaden/Pumpen und Logistik der Ortsverbände Laaber (Bayern), Sangerhausen (Sachsen-Anhalt) und Bautzen (Sachsen) zum Einsatz.

»Ich freue mich sehr über diese drei neuen Unimog. Denn bei unseren Einsätzen müssen wir uns nicht nur auf das Know-how unserer Einsatzkräfte, sondern auch auf unsere Fahrzeuge verlassen können. Egal ob im unwegsamen Gelände, in Hochwassergebieten oder auf verschneiter Straße – der Unimog ist schon lange ein wichtiger Teil des THW-Alltags«, sagte THW-Präsident bei der Übergabe.

Solche geländegängige Unimog UHE der Baureihe 437.4 verstärken nun die Fuhrparks dreier THW.

Administration und Gesetze

Maßgeblich für die Arbeit der beiden Organisationen Feuerwehr und THW sind die jeweiligen gesetzlichen Grundlagen. Für das THW als Bundesbehörde gilt das »THW-Gesetz«, welches ein Bundesgesetz darstellt.
In diesem »THW-Gesetz« sind die Aufgaben des THW klar als technische Hilfe definiert:

- nach dem Zivilschutz- und Katastrophenhilfegesetz,
- im Ausland im Auftrag der Bundesregierung,
- bei der Bekämpfung von Katastrophen, öffentlichen Notständen und Unglücksfällen größeren Ausmaßes auf Anforderung der für die Gefahrenabwehr zuständigen Stellen sowie
- bei der Erfüllung öffentlicher Aufgaben im Sinne der Nummern 1 bis 3, soweit es diese durch Vereinbarung übernommen hat.
- Anforderung erfolgt von Organisationen.

Salopp formuliert gilt gemäß dem Grundgesetz (GG) die Formel »Zivilschutz ist Bundessache – Katastrophenschutz ist Ländersache«, wonach sich auch der Charakter der Anforderung des THW bildet: Das THW wird (in Friedenszeiten) grundsätzlich auf Anforderung tätig. Die Anforderung erfolgt dabei von Organisationen (»Stellen«), die für die Gefahrenabwehr vorrangig zuständig sind. Dies können Polizei, Feuerwehren oder auch Landes-, Kreis- oder kommunale Behörden sein.

In den 1960er-Jahren war der **Unimog-S 404.1** ein Standbein beim THW.

Warum gerade Unimog?

Natürlich gibt es viele gute geländegängige Fahrzeuge in Deutschland und in Europa. Dabei ein Fahrzeug herauszufinden, das besonders gut ist und alle Kriterien erfüllt, ist nicht ganz einfach. Beim fairen Vergleich gilt aber, es dürfen nicht Äpfel mit Birnen verglichen werden. Als Hauptkriterium gilt der Einsatz beim Katastrophenfall. Und ganz wichtig ist im Einsatzfall auch ein im Gelände bestens ausgebildeter Fahrer.

Portalachse Portalachsen vorn und hinten sorgen für deutlich größere Bodenfreiheit bei niedrigem Fahrzeugschwerpunkt. Das hat auch Einfluss auf die kritischen Fahrzeughöhen. Durch die asymmetrische Anordnung der Achsdifferenziale können Hindernisse einfacher überfahren werden.

Schubrohr und Achsaufhängung Durch die Anbindung der Portalachse mit Schubrohr und Schubkugel (System ist patentiert) am Getriebe sind große Federwege und eine Achsverschränkung um bis zu 35 Grad möglich. Das Schubrohr schützt die Antriebswelle gegen Verunreinigungen sowie Staub, Wasser und Äste.

Kurze Rahmenüberhänge Die kurzen Überhänge vorne und hinten ergeben große Rampen- und Böschungswinkel.

Watfähigkeit Gerade bei Hochwasserkatastrophen ist die Watfähigkeit von bis zu 120 cm für den Einsatz bestimmend. Dafür sorgen die wassergeschützten Aggregate, der hochgezogene Ansaugkamin und die hochgelegten Entlüftungsleitungen. Der Autor dieses Buches war bei einer Wattiefe von 150 cm mit im Fahrerhaus. Und er bekam dabei keine nassen Füße.

Fazit Für den ganz normalen Einsatz im Flachland, urbanen Gebieten, Industriegebieten, Straßen und Ortschaften sind auch andere Fahrzeugtypen denkbar und vertretbar. Aber dort wo die »Hochgeländegängigkeit« eine zielgerichtete Rolle spielt, kommt das THW nicht am Unimog der neuen Generationen vorbei. Zugegeben, der Unimog UHE oder UGE sind sehr teuer, aber sie schützen das eingesetzte Personal und erfüllen ihre Aufträge mit Bravour.

Im Katastrophenfall erfüllen Unimog diese dargestellten Kriterien.

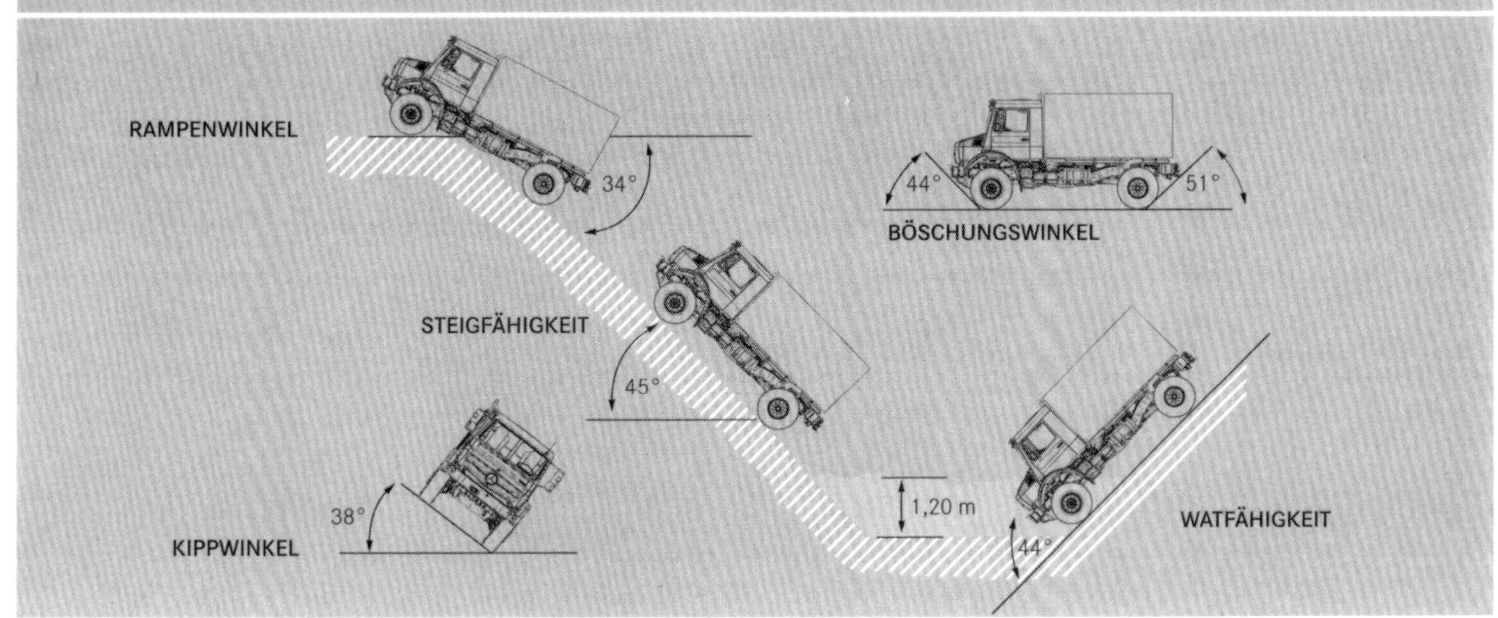

Das für sieben Personen ausgelegte **UHE-Fahrerhaus (Doka)** ist für das THW ein wertvolles Extra. Die Doka macht es, selbst im extremsten Gelände, in voller Teamstärke möglich, an jeden Einsatzort unter ergonomischen Bedingungen vorzudringen. Unter der umklappbaren Rückbank können Werkzeug und persönliche Schutzausrüstungen (PSA) deponiert werden.

Gesundheits- und Arbeitsschutz Fahrerhaus

Das Design des Ganzstahl-Fahrerhauses hat sich in den 1970er-Jahren mit Beginn der Schweren Baureihen 425/435 grundlegend verändert. Das für drei bzw. sieben Personen ausgelegte Fahrerhaus wurde auf drei Punkten elastisch bzw. geometrisch gelagert und somit ergonomisch vorbildlich ausgelegt. Für eine optimale Sicherheit der Fahrzeuginsassen sorgte 1974 die Umsetzung, sowie für die Zulassung der große OECD-Test in Groß-Umstadt bei Darmstadt. Schwerpunkt dieser Tests war der OECD-Pendelschlagtest mit 2.000 kp schweren Pendeln. Damit sollte ein Überschlag des Unimog simuliert werden. Hinzu kam der vertikale Drucktest auf die A-und B-Säule mittels eines 11.000-kp-Stahlträgers.

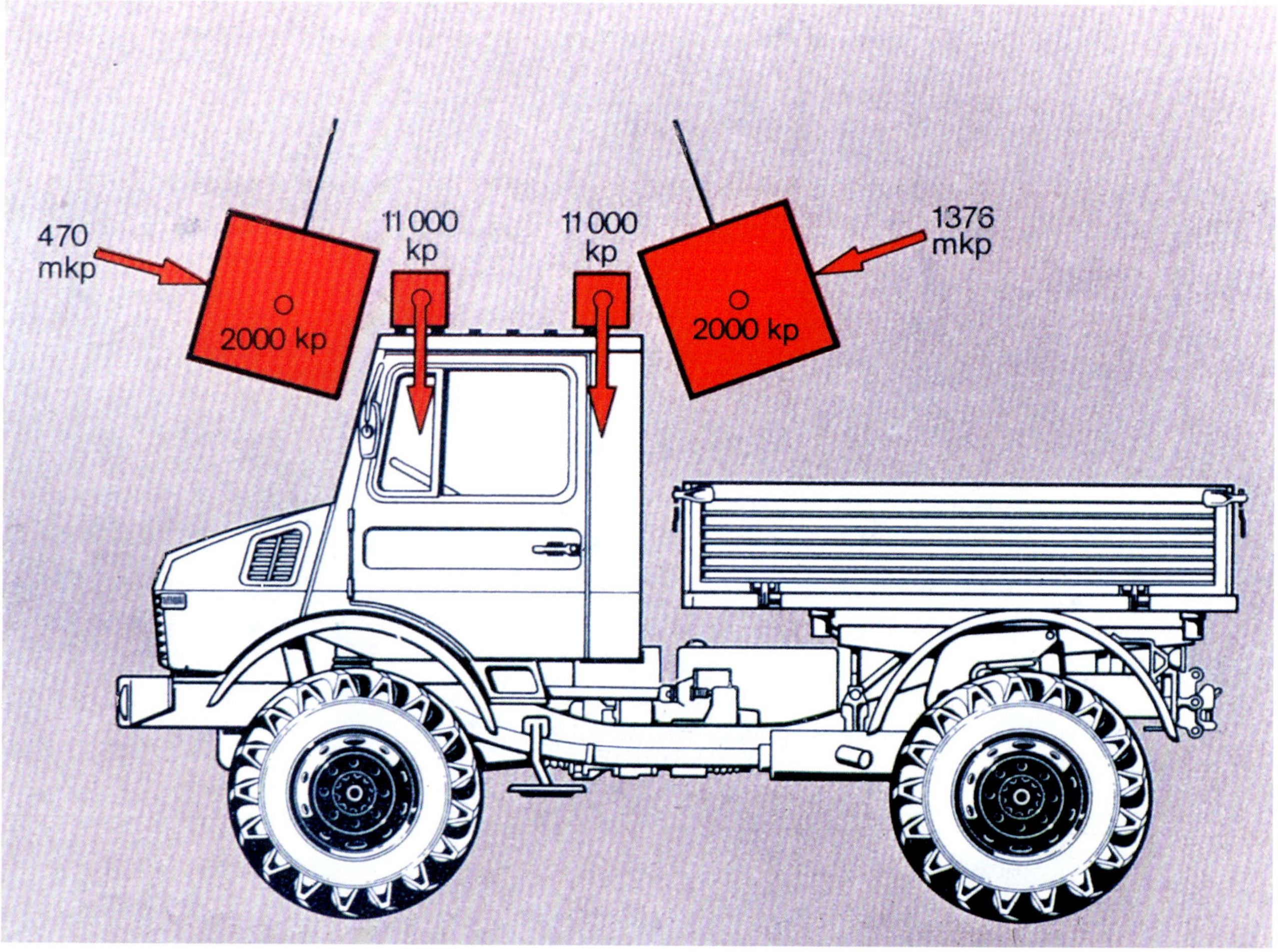

470 mkp
2000 kp
11 000 kp
11 000 kp
2000 kp
1376 mkp

OECD-Pendelschlag- und Kabinendrucktest.

Unimog-Spezial: THW-Modelle im Maßstab 1:87 (H0)

Mehrer Hundert unterschiedliche Modelle des Unimog in diversen Maßstäben, Materialien, Farben und Detaillierungen in zivilen, militärischen Ausführungen sowie als THW, setzen den Unimog-Typen ein anerkennendes Denkmal. Unimog-Modelle fast aller Baureihen gibt es als THW hauptsächlich im Maßstab 1:87.

In größeren Stückzahlen sind es Firmen wie Wiking, Carson oder Kibri, die über einige Jahre bis heute sehr gelungene Nachbildungen der einzelnen THW-Baureihen im Maßstab 1:87 und anderen in den Handel brachten. Siehe dazu die Seite 74 mit den Feuerwehr-Modellen.

Historische Unimog

Viele THW-Ortsverbände haben noch historische Unimog im Einsatz. In den meisten Fällen gibt es dazu auch keine Führerschein-Probleme. Oft ist es so, dass man den »Alten« besser beherrscht als die 200 PS starken Neuzeit-Unimog der Typklassen UHE oder UGE.

1

2

3

4

1: U 406, 50 Jahre alt
2: Unimog-S, 60 Jahre alt
3: U 1300 L, 40 Jahre alt
4: U 1000, 45 Jahre alt
Ganz oben: **Unimog-S**: Alles in einer Hand.

THW im Einsatz: Einsatzberichte Baden-Württemberg

Die einzelnen Ortsverbände des THW haben neben Standardkomponenten meist noch Fachkomponenten, zum Beispiel: Bergen und Räumen, Wasserschaden und Pumpen, usw. Für diese Bereiche sind die THW-Helfer speziell ausgebildet und das THW hat die entsprechenden geländegängigen Fahrzeuge. Manche Aufgaben lassen sich in einem »Aufgabenbuch« nicht beschreiben. Also gibt es nichts, was es für den THW nicht gibt. Das Spektrum ist riesig, wie die beiden Beispiele zeigen.

Blitzeinschlag setzt Lagerhalle in Brand
Nach einem Blitzeinschlag brach ein Feuer in mehreren großen Lagerhallen aus. Die Brandbekämpfung auf dem rund 120.000 Quadratmeter großen Industrieareal wurde durch rund 60 THW-Einsatzkräfte aus fünf Ortsverbänden der Regionalbereiche Karlsruhe und Heilbronn, sowie zwei weiteren Ortsverbänden unterstützt. Aufgrund der Größe der Einsatzstelle wurden weitere Ortsverbände mit dem Kettenbagger der Fachgruppe Räumen sowie zusätzlichem Bedienpersonal aus dem benachbarten Landesverband angefordert. Trümmerteile der eingestürzten Gebäudeinfrastruktur mussten durch die eingesetzten Fachgruppen Räumen beseitigt, Lasten bewegt und Bauwerkteile entfernt werden. Die angeforderten Bergungsgruppen sowie die Fachgruppe »Schwere Bergung« unterstützten tatkräftig bei diesen Aufgaben.

Überregionale Baufachberater und Statiker unterstützten zudem die Einsatzleitung von THW und Feuerwehr vor Ort. Die Zusammenarbeit zwischen THW und Feuerwehr war wie eine Sequenz aus einem Lehrbuch.

Einsatz gegen Fischsterben
Die Fachgruppe Wasserschaden/Pumpen eines THW-Ortsverbandes wurde alarmiert, um einen Fischweiher aufzufüllen. Zwei Monate ohne Niederschläge und ausgetrocknete Wasserzuläufe führten dazu, dass der Wasserstand eines Fischweihers bedrohlich für die Fische werden konnte. Die zuständige Gemeinde befürchtete, dass mehrere Hundert Fische, wie Karpfen, in dem See aufgrund des Wasser- und damit verbundenen Sauerstoffmangels verenden könnten. Daher alarmierten sie das THW. Mittels Notstromaggregaten und dreier Hochleistungspumpen mit Förderleistungen von je 5.000 Litern Wasser pro Minute machten sich daher die THW-Mannschaften der Fachgruppe Wasserschaden/Pumpen des herbeigerufenen Ortsverbandes auf den Weg an den Weiher. Über eine rund 300 Meter lange Schlauchleitung pumpten sie mehr als neun Millionen Liter Wasser aus dem nahegelegenen Fluss in den versandeten Fischweiher, um den Wasserstand wieder auf ein sicheres Level zu heben. Am Ende wurden alle Fische gerettet und es gab danach für den THW als Dankeschön ein kleines Fischessen.

Die heilige Barbara gilt als Schutzpatronin unter anderem bei Gefahr durch Blitz (oder Elektrizität) und Feuer (oder Explosion). Damit ist sie auch die Schutzpatronin des THW, insbesondere für die Menschen im Einsatz.

Next Generation

In einem solch modernen und zielgerichteten »Unternehmen« wie es im THW gelebt wird, macht man sich auch Gedanken über zukünftige Fahrzeuge. Eigentlich kommt man dabei an diesem Mercedes-Benz ZETROS nicht vorbei. Ohne dem Unimog hierbei weh zu tun.

Die Farbe für das THW würde schon fast stimmen. Hier der kleinste **Zetros 4x4** mit knapp 300 PS.

Typisch Mercedes. Markanter geht ein Frontdesign nicht mehr. Die Leistungsbandbreite geht hoch bis 500 PS.

THW-Spezial: THW-Unimog der Zukunft

Die Zukunft ist die Zeit, die subjektiv gesehen der Gegenwart nachfolgt. Zukunft ist das, was es noch nicht gibt (…Gott sei Dank). Daher ist Zukunft nie real, sondern eine Imagination in unserem Kopf. Ein Gedankenmodell, das wir heute, im Hier und Jetzt, erzeugen.

Diese Zukunfts-Vorschläge sind auf den ersten Blick sehr schön anzuschauen, aber als Universalmotorgeräte, nach den Vorschlägen der Unimog-Erfinder Friedrich und Rößler, haben solche Geräte nur minimale Chancen. Und das ist auch gut so. Ein Unimog untersteht wegen seiner Hochgeländegängigkeit und wegen des Einsatzspektrums gewissen Regeln und brauchbaren Vorgaben. Mit diesen Designer-Vorstellungen verliert der Unimog an Glaubwürdigkeit.

Ein futuristisches Zukunftsmodell zum Jubiläum »60 Jahre Unimog«.

Oben und rechts: Vorschläge zum **Unimog im Jahr 2030** der Designer-Hochschule in Pforzheim.

Technisches Hilfswerk
THW

THW Lahr bei einem Einsatz am Ottenheimer Baggersee. Dieser Baggersee ist in Baden-Württemberg zwischen Lahr und Rhein.

Katastrophen im Ausbildungskalender

Das Technisches Hilfswerk (THW) aus dem Regionalbereich Freiburg bereitete sich in Mittelbaden/Ortenau mit Übungseinheiten auf Katastrophenszenarien vor. 150 ehrenamtliche Helferinnen und Helfer aus den Ortsverbänden Lahr, Breisach, Biberach, Achern, Kehl, Emmendingen, Müllheim, Lörrach und Schopfheim trafen sich an einem Wochenende zu einer realistischen Übung. Die Fotos auf den kommenden Seiten sind teilweise aus anderen, aber gleichwertigen Übungen ausgewählt.

Ordnungskräfte unterwegs an Kreuzungen tragen zum Erfolg der Einsätze bei.

Kolonnenfahrt zu den potenziellen Übungsorten. Viele der Teilnehmer kennen es noch aus ihrer Bundeswehrzeit. Diszipliniertes Fahren, Abstand halten, Vordermann im Auge behalten, permanentes In- den-Spiegel-Schauen, Vorgaben von Ordnungskräften wie Polizei einhalten und auf andere Verkehrsteilnehmer Rücksicht nehmen.

Ablauf einer THW-Großübung

Neben den handwerklichen Fähigkeiten der gesamten THW-Mannschaft ist auch die Führungsmannschaft für eine professionelle Organisation und eine vorausschauende Planung ein weiterer Baustein einer realistischen Übung. Die Mannschaften müssen untergebracht und verpflegt werden. Es gilt die Kommunikation zwischen den Einsatzkräften über Funk sicherzustellen und die Übersicht über verschiedene Einsatzabschnitte zu behalten. An der regionalen Lagekarte ist für Führungskräfte sichtbar, wo welche Schäden aufgetreten sind, wo welche Kräfte bereits im Einsatz sind und wie viele Einsatzkräfte aus nicht betroffenen Bereichen nachgeführt werden müssen. Diese typischen Managementaufgaben erfüllte der Fachzug »Führung und Kommunikation«, gemeinsam mit dem Fachzug »Logistik«. Das für die Übung ausgemachte Gelände dient als Führungs- und Logistikbasis. Von dort aus koordinieren die THW-Führungskräfte die Übungseinsätze der einzelnen Trupps, stellen die Situation auf einer Lagekarte dar und behalten den Überblick der Vorgänge. Um die Versorgung der eingesetzten Kräfte kümmert sich die Fachgruppe »Logistik-Verpflegung«. Die Verteilung der Aufgaben an einzelne Ortsverbände verlangt beste Kenntnisse der jeweiligen Ausbildungsstände. Hier zeigt sich, wer Verbände und Gruppen führen kann. Klare Infos und Anweisungen, Rückmeldungen und Kontrollen sind hierzu gefragt. Erfahrene Führungskräfte bedienen sich hier laufenden Machbarkeitsstudien. Ist das alles in trockenen Tüchern, sprechen die Verantwortlichen von einer hochprofessionellen Organisation, Führung und Logistik. Und auch der Spaß innerhalb der Mannschaften ist ein Gradmesser. Als Beobachter solcher Übungen gewinnt man schnell die Überzeugung, dass sich die Führungsaufgaben oftmals kaum von Führungsaufgaben im Berufsleben unterscheiden.

Jeder kennt seine Aufgaben. Kleine Details werden noch besprochen und abgestimmt.

Schweres Gerät bei Einsätzen

Dafür ist das THW bekannt. Je schwerer und größer, desto besser.

Dieser MAN 6x6 ist kein Monster, sondern er hat bei jedem größeren Einsatz seinen Platz.

Der Weg zum Einsatz

Schon der Weg zum Einsatz macht viel Spaß. Aber die Zeit dazwischen dient auch der Kommunikation.

Abstimmungen mit der Polizei sind Teil des Übungserfolgs.

Öffentliche Aufgaben

Oben: Das Universalmotorgerät des THW Lahr bei einer »Burgnacht« auf der Burg Geroldseck.

Rechts: **U 1300 L** des THW Lahr bei der Gewerbeschau NOVA in Friesenheim.

Über die Fälle der Amtshilfe hinaus kann das THW öffentliche Aufgaben durch Vereinbarung übernehmen. Hierbei kann prinzipiell jede Person oder Firma das THW anfordern, sofern es sich um eine originäre Aufgabe handelt und die im Bereich zuständige Industrie- und Handelskammer eine Unbedenklichkeitserklärung erteilt, dass keine Konkurrenz mit der Privatwirtschaft besteht.

Impressionen:
Aus dem Fotoalbum vom THW Lahr

Beide Bilder oben: Grenze der Wattiefe noch nicht erreicht. Der Unimog kann mehr...!

Zwar kein Fahrzeug-Familienfoto, aber beim THW arbeiten sie erfolgreich zusammen.

Impressionen:
Aus dem Fotoalbum vom THW Lahr

Durch diese hohle Gasse wird er kommen. Schnelligkeit, Wendigkeit und (fast) überall einsetzbare Fahrzeugbreiten machen den Unimog zum Premium-Fahrzeug.

THW-Spezial: Nicht alle blauen Unimog gehören zum THW!

Die blauen Farben waren lange Sonderfarben. Abnehmer waren oder sind oftmals Firmen oder Privatleute. Beim THW ist meistens das Ultramarin RAL 5002 als Standardfarbe im Einsatz. Außerhalb des THW waren die Blautöne RAL 5010 / DB 5361 Enzianblau oder RAL 5001 als Mercedes-Blau oder Lkw-Blau beliebt. Insgesamt machten die Blautöne beim Kunden nur rund drei bis vier Prozent aller möglichen Farbvarianten aus. Die hier gezeigten Fotos von Unimog in Blautönen sind keine THW-Fahrzeuge.

1: UGN/U 400

2: BR 424/U1200

3: BR 416, Doppel-Doka

4: BR 435, U 1300 L

Ausblick und Zusammenfassung

Wissenslücken beim Autor Über das Technische Hilfswerk (THW) wusste ich bis zum Schreiben dieses Buches nur, dass es das gibt. Und dass das THW bei schweren Unfällen und Katastrophen hinzugezogen wird. Dieses Minimalwissen wurde beim Autor dieses Buches gewaltig durchgerüttelt. Mittlerweile war ich bei mehreren Ortsverbänden in Mittelbaden vor Ort und habe dabei meinen Wissensstand auf neue Schienen gebracht.

Das lernte ich dazu. Die Einsatzoptionen des THW sind vielfältig: Sie können bei Extremwetterlagen, Erdbeben, Hochwasser, Großbränden, Störungen der Infrastruktur und in vielen weiteren Situationen wertvolle Hilfe liefern. Das

Unimog-S eines THW-Ortsverbandes als Geschenk für den Autor.

Management des THW ist so professionell konzipiert, dass die verschiedenen Einsatzoptionen durch Fachgruppen in unterschiedlichen Ortsverbänden abgedeckt werden. Eine Alarmierung von sogenannten Fachgruppen mit Spezialgerät und ausgebildeten Fachkräften von anderen THW-Standorten ist jederzeit möglich, benötigt allerdings eine etwas längere Vorlaufzeit.

Wo liegt der Unterschied? Feuerwehr und THW arbeiten zwar eng zusammen, haben aber eigenständige Aufgabengebiete. Das THW ist auf die schwere technische Rettung spezialisiert. Mehr noch: Die einzelnen Ortsverbände des THW haben neben einer Standardkomponente meist noch ingenieurmäßige Fachkomponenten. Für diese Bereiche sind die THW-Mannschaften speziell ausgebildet und das THW hat dafür die entsprechenden Fahrzeuge, wie den Unimog.

Feuerwehren in der Überzahl Die THW-Spezialfahrzeuge wie Lkw-Krane und Bergefahrzeuge werden erstens seltener gebraucht und sind zweitens sehr teuer. Daher gibt es eben deutlich weniger THW-Standorte als Feuerwehr-Standorte. Das THW rückt dafür in einem deutlich größeren Radius aus, kann allerdings dadurch nicht so schnell an den örtlichen Einsatzstellen sein wie die Feuerwehr. Salopp kann man also sagen, die Feuerwehr ist »Mädchen für alles« mit lokalem Bezug. Durch den örtlichen Bezug ist sie sehr schnell am Einsatzort und kann dort in fast jeder lebensbedrohlichen Lage zumindest erste Maßnahmen treffen (Brandbekämpfung, Verkehrsunfälle, Gefahrguteinsätze, Entschärfung von Weltkriegsbomben, Umweltschutz usw.).

Dienst beim Arbeiter-Samariter-Bund (ASB)

»Wir helfen hier und jetzt«

Der Arbeiter-Samariter-Bund (ASB) wurde 1888 in Berlin von Handwerkern als Verein zur Selbsthilfe der Arbeiter gegründet. Er entwickelte sich über die Jahre hinweg zu einer bundesweit agierenden, parteipolitisch und konfessionell unabhängigen Hilfs- und Wohlfahrtsorganisation.

Die Idee von Humanität und Solidarität stehen dabei bis heute im Fokus. Der ASB bietet von Anfang an Dienste an, die sich an den Bedürfnissen der Menschen orientieren. Das Ziel basiert auf dem Leitgedanken: »Wir helfen hier und jetzt!« Dabei ist der ASB geprägt vom ganzheitlichen Menschenbild, von Achtung, Akzeptanz, Offenheit und von Toleranz.

Der ASB steht in seinen Handlungen und im Denken zu einem freiheitlichen, demokratischen sowie sozialen Rechtsstaat. Seine Mitglieder unterstützen Menschen aller gesellschaftlichen Schichten, jeder politischen, nationalen oder religiösen Zugehörigkeit.

In Deutschland bestehen neben dem Bundesverband 16 Landesverbände und 191 regionale Gliederungen (Regional-, Kreis- und Ortsverbände). Der ASB hat rund 1,4 Millionen Mitglieder. Die Bundesgeschäftsstelle hat ihren Sitz in Köln. Die Landesverbände sind jeweils eigenständige eingetragene Vereine. Je nach Struktur des Landesverbandes sind die regionalen Gliederungen wiederum eigenständige Vereine.

Damit der ASB überall in Deutschland seinen Auftrag erfüllen kann, braucht es geländegängige Fahrzeuge wie den Unimog.

Organisation und Aufgaben

Grundlage des Wirkens des ASB Deutschland e.V. sind die ASB-Bundessatzung sowie die ASB-Bundesrichtlinien. Zu den satzungsgemäßen Aufgaben des ASB-Bundesverbandes gehören insbesondere die Förderung, Beratung, Koordination, Anleitung und Bereitstellung von Informationen.

Der ASB ist sowohl eine Hilfsorganisation, die sich unter anderem weltweit für humanitäre Hilfe und den Katastrophenschutz einsetzt, als auch ein Wohlfahrtsverband, der sich in der Altenpflege, der Behindertenhilfe oder der palliativen Versorgung engagiert.

Oben: Einsatzkleidung des ASB. – Beide Bilder unten: Gemeinsames Unimog-Fahrertraining im Testgelände der Daimler Truck AG. Der gelbe **ASB-Unimog 1300 L** fühlt sich sichtlich wohl inmitten der Feuerwehrfahrzeuge.

Aufgabenspektrum

Primäre Beispiele: Rettungsdienste, Zivil- und Katastrophenhilfe bzw. -schutz, Sanitätsdienste und humanitäre Hilfe.

... **auf dem Balkan** Einen seiner längsten Einsätze als Hilfsorganisation startete der ASB 1991. Während des Krieges, nach dem Zerfall Jugoslawiens 1991, versorgte er Flüchtlinge, richtete Ambulanzen ein und organisierte Hilfskonvois. Bis heute beteiligt sich der Arbeiter-Samariter-Bund an der Beseitigung der Kriegsfolgen.

...**bei der Elbflut** Als 2002 die Elbe weite Teile Sachsens, Sachsen-Anhalts und Tschechiens überflutete, waren über 1.500 Helfer des ASB im Einsatz. Sie beteiligten sich an Rettungsaktionen und Evakuierungen. Später unterstützte der ASB die Flutopfer beim Wiederaufbau.

... **Tsunamiopfer** Bereits unmittelbar nach dem Seebeben in Sri Lanka 2004 verteilte der Arbeiter-Samariter-Bund Medikamente und andere Hilfsgüter. Kurz darauf begann die ASB-Wiederaufbauhilfe für die Opfer der Naturkatastrophe.

... **während der Fußball-WM in Deutschland** Während der Fußball-WM 2006 in Deutschland stellte der ASB über 2.000 Helferinnen und Helfer. Es war der bislang größte Rettungs- und Sanitätsdiensteinsatz in der Geschichte des ASB. Der ASB ist bei allen Aktionen mittendrin und nicht abseits. Dies zeigt das Foto eines gemeinsamen Unimog-Fahrertrainings, zusammen mit Feuerwehren und der ASB.

Fahrertraining im Testgelände der Daimler Truck AG.

Katastrophenschutz-Einsatz beim Hochwasser

Wird oftmals unterschätzt: Der ASB unterhält einen großen und flexiblen Fuhrpark.

Der ASB ist täglich rund um die Uhr zur Stelle. Fahrzeugrelevante Themen sind für die haupt- und ehrenamtlichen Helfer der Rettungsdienst und Katastrophenschutz. Wenn Menschen schwer verletzt oder in besonders großer Not sind, ist der ASB im Einsatz. Sie arbeiten eng mit anderen Helfern ob Feuerwehren, THW oder DRK, zusammen.

Alle relevanten Aufgaben des ASB wurden sukzessive weiterentwickelt und orientieren sich dabei an den Bedürfnissen der Menschen. Die Aufgaben können, egal in welcher Form, nur mit und von geeigneten Fahrzeugen ausgeführt werden. Vielen Bürgern ist meistens unbekannt, dass der ASB-Katastrophenschutz, die Rettungshundestaffeln und das hochmoderne Drohnen-Team, sowie die Schnelleinsatzgruppen (SEG) und die Helfer-vor-Ort-Gruppen, Motorradstaffeln und die Einheiten der Psychosozialen-Notfallvorsorge (PSNV) das Einsatz-Portfolio des ASB hochwertig abrunden.

ASB-Unimog im Katastropherngebiet – oft ist das Gelände unwegsam.

Nicht immer ist ein Unimog gefragt.

Training und Schulung

Der hochgeländegängige Unimog mit seinen vielen Möglichkeiten will verstanden sein. Experten vom Unimog-Museum Gaggenau und von der Daimler Truck AG erklären den Teilnehmern von der ASB und den Feuerwehren in mehreren Sequenzen die »Geheimnisse« des Unimog. Dazu steckt man schon mal gemeinsam die Köpfe in die geöffnete Motorhaube oder man kriecht unters Fahrzeug, um die Schubrohre und die Portalachsen zu begutachten. Zwischendurch kommen immer mal wieder Fahrsequenzen im Gelände, um das Gelernte üben und probieren zu können. »Das hier ist die tollste und erlebnisreichste Fahrschule, die ich je gemacht habe«, so ein Teilnehmer aus der Runde.

Vor der Trainingsfahrt kommt die Einweisung in das Gelände und in die Fahrtechnik, denn einige Absolventen sitzen zum ersten Mal im Allrader Unimog. Schwerpunkte liegen in der Wahl des optimalen Ganges und beim Bremsen.

Ob bergauf oder bergab, die Fahrzeuge des ASB sind mit hohem Wirkungsgrad und viel Kompetenz der Fahrer unterwegs. Bild links bei einer 110-Prozent-Steigung. Hier heißt es seine Beine im Griff zu haben, denn wer diese Hindernisse zögerlich und unsicher angeht, hat schon verloren. Der Respekt vor dem Gelände muss immer gewährleistet sein. »Lkw-Geländefahren muss man täglich üben, denn mit den Fahreigenschaften eines SUV hat dies hier nichts zu tun«, so der Trainer.

4 *Dienst bei der Polizei*

Aufgaben

»Rosenheim Cops« Über die Aufgaben der Polizei werden wir täglich in diversen TV-Sendungen wie »Rosenheim Cops«, »Notruf Hafenkante« oder dem »Tatort« informiert. Dabei sehen wir Polizisten*innen im Einsatz und bekommen auch ins Wohnzimmer serviert, mit welchen Problemen die Polizei konfrontiert wird. Zwischendurch hören wir zu Hause, durch die geschlossenen Türen, ein Fahrzeug der Polizei im Tatütata vorbeirauschen. Das ist dann schon näher an der Realität. Aber ist das wirklich die Polizei, über die wir hier im Buch lesen wollen?

Die Polizei ist für die Sicherheit in Ihrem Bundesland zuständig!

- Sie muss die Menschen vor Gefahren schützen. Das nennt man Gefahren-Abwehr.
- Sie muss dafür sorgen, dass die Menschen sich an die Gesetze halten.
- Sie muss untersuchen, wenn sich jemand nicht an die Gesetze hält.
- Und dafür sorgen, dass die Täter bestraft werden können. Das ist die Strafverfolgung.
- Sie kümmert sich um die Opfer von Straftaten.
- Opfer sind Menschen, denen etwas Schlimmes passiert ist, weil sich andere nicht an die Gesetze gehalten haben.
- Opfer sind zum Beispiel Menschen, bei denen eingebrochen wurde, oder Menschen, die überfallen wurden.

Münchener Polizei mit Unimog am Hofgarten/Staatskanzlei beim Abbau von Demo-Straßengittern.

Interdisziplinäre Aufgaben

- Bekämpfung der Kriminalität
- Kriminalitäts-Vorbeugung (Kriminalitäts-Prävention)
- Verkehrssicherheit
- Gemeinsame Einsätze mit THW und der Feuerwehr
- Schutz bei Sport-Veranstaltungen und anderen Veranstaltungen wie Demos
- Einsätze bei Katastrophen

Einsatz von Sonderfahrzeugen In diesem Buch beschränken wir uns auf Polizeieinsätze mit sogenannten Sonderwagen.
Die heutigen Sonderwagen (SW) der Polizei werden in erster Linie von den Bereitschaftspolizeien der Länder und von der Bundespolizei verwendet und kommen bei Demonstrationen, Katastrophen und Amoklagen zum Einsatz. Neben einer leichten Panzerung verfügen sie über die Möglichkeiten, Wasserwerfer sowie Zusatzgeräte wie Räumschilde anzubringen.

Aufgaben mit dem SW Zu den Aufgaben eines Sonderwagen-Trupps gehören: Geschütztes Heranführen von Polizeibeamten, etwa beim Einsatz gegen bewaffnete und gewalttätige Störer, Schutz gefährdeter Personen und Sachen, Staatsschutzaufgaben, geschütztes Retten von Verletzten, Einrichten und Verstärken von Absperrungen, Überwinden und Beseitigen von Hindernissen, Einsatz im Objekt- und Raumschutz und bei Katastrophen auch in strahlendem, verseuchtem oder vergiftetem Gelände und Sicherung beim Auffinden und beim Transport explosiver und sonstiger gefährlicher Stoffe.

Juni 2022: Ein Geschützter Unimog-Sonderwagen (SW4), Typ TM 170 auf dem Weg zum G7-Gipfel beim Schloss Elmau

Die markante Front des Sonderwagens TM 170. Deutlich sichtbar der geschützte Aufbau mit schusssicheren Stahlplatten.

Sonderwagen (SW)

Als Sonderwagen werden die gepanzerten Radfahrzeuge der deutschen Polizei bezeichnet. Umgangssprachlich werden diese Fahrzeuge auch Polizeipanzer oder Räumpanzer genannt.

Schutz gegen Molotowcocktails Als Ersatz für die älteren Sonderwagen 1 und 2 wurde ab 1984 von Thyssen-Maschinenbau (später Rheinmetall Landsysteme) der »TM 170« als Sonderwagen 4 (SW 4) eingeführt.

TM 170 (SW 4)

Der SW 4 wurde bzw. wird häufig bei Demonstrationen oder für Schutzmaßnahmen (siehe Januar 2023 in Lützerath) eingesetzt, oftmals in Verbindung mit Wasserwerfern. Der TM 170 ist ein gepanzerter Wagen mit hohem Schutzstandard gegen die gefürchteten Molotowcocktails. Er verfügt über das Fahrgestell und den Antriebsstrang des hochgeländegängigen Unimog. Bei Bedarf hat er auch vorne und hinten Räumschilder sowie eine starke Seilwinde.

Zum Schutz der Fahrzeuginsassen ist der gesamte Sonderwagen gasdicht ausgeführt. Die Scheiben des TM 170 sind mit beschusssicherem Panzerglas versehen. Zusätzlich können die Fenster durch 8-mm-Panzerplatten komplett verschlossen werden. Die auf die Felgen des TM 170 aufgezogenen Reifen verfügen über Notlaufeigenschaften und ermöglichen auch reduziertes Fahren bis 60 km/h mit zerstörten Reifen. Im Einsatz können alle Sichtscheiben dicht gemacht werden und dann kommen die Sichtprismen über dem Fahrer zum Einsatz. In der Dachklappe ist eine drehbare Lafette für diverse Waffensysteme, wie das Gewehr G8 vorgesehen. Dieselbe Dachklappe dient beim Umkippen als Notausstieg. Im Innenraum können bei Bedarf auch Notliegen für Verletzte eingebaut werden. Zur Normalbesatzung gehören: Kommandant, Fahrer, Schütze und sechs Polizeibeamte. In Summe neun Personen. Das Nachfolgemodell des fast 40 Jahre alten und erfolgreichen TM 170 ist bereits in Erprobung beziehungsweise in der Beschaffungsphase.

Technische Daten zum TM 170

Fahrgestell	Basis: Unimog BR 435, Typ U 1300 L, Baumuster 160 bzw. 161
Geschützter Aufbau	Thyssen-Krupp
Frontmotor	Mercedes-Benz OM 352A
Motorleistung	168 PS
Antrieb	4x4
Höchstgeschwindigkeit	96 km/h
Leergewicht	10.000 kg
Gesamtgewicht	11.200 kg
Watfähigkeit	120 cm
Steigvermögen	80%
Sitzplätze	3+6
Farben	Früher dunkelgrün und neuerdings in dunkelblau

Geschützter Sonderwagen TM 170: Antriebsstrang, Motor und Fahrgestell vom 1300 L

Der Sechszylindermotor des Typs Mercedes-Benz OM 352A und das gekröpfte Fahrgestell waren für den TM 170 erste Wahl. Im Juni 1964 folgte beim U 406 (U 65) ab Fahrgestellnummer-Endnummer 1767 der Motorenwechsel auf den OM 352, BM 352.919. Der OM 352 ist eine Weiterentwicklung des OM 322 und hat einen Hubraum von 5,65 Litern bei einer Leistung im Lkw von 132 PS. Den OM 352 gab es auf dem Markt in Saug-, Vielstoff- und Aufladerausführung. Letzterer bis nahe an die 200-PS-Grenze. Beim U 406 (U 65) wurde der OM 352 anfangs ebenfalls mit gedrosselten 65 PS eingesetzt. Das Leistungsspektrum des U 406 wurde sukzessive den Anforderungen angepasst, das heißt, in kurzen Intervallen waren es 70, 80, 84, 100, 110, 125 PS und später beim U 1300 L bis 168 PS.

Motor, Getriebe, Rahmen

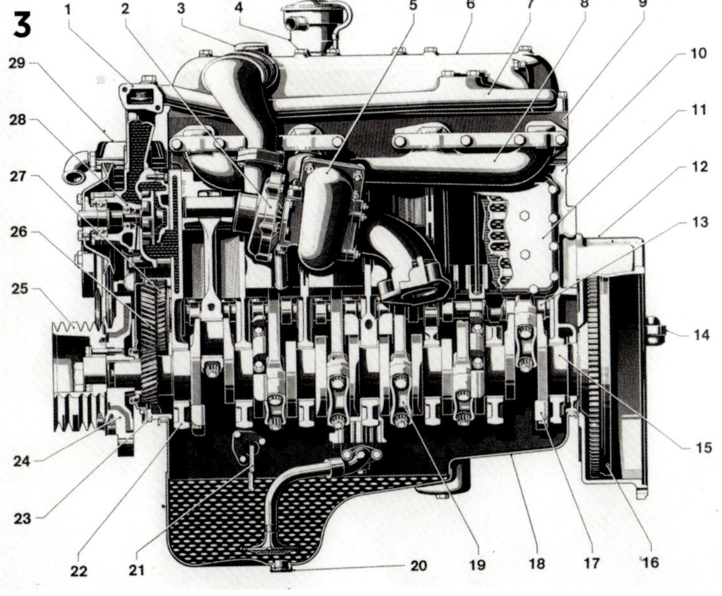

1: Baureihe 435, U 1300 L

2: Sonderwagen (SW) TM 170

3: Abgasturbolader OM 352 A

Geschützter Sonderwagen UR 416

Das Fahrgestell, mit dem Antriebsstrang und Teilen des Fahrerhauses, lief unter dem Baumuster 416.160 und war der Vorläufer vom Sonderwagen Typ TM 170. Daraus machte die Firma Rheinstahl-Maschinenbau, die heute zur Thyssen-Gruppe gehört, den 110 PS starken UR 416 mit dem Radstand 2.900 mm. Als Motor wurde der bewährte Sechszylinder-Diesel OM 352 eingesetzt. Die Zielgruppen waren meistens unter Polizeibehörden im In- und Ausland zu finden. Einsatzerprobte Erfahrungswerte mit dem Unimog 404 S in den Ausführungen »SH« und »T« konnten die Gaggenauer Konstrukteure in den »U 416-Panzer« gezielt einfließen lassen.

Das Fahrgestell mit einem geländetauglichen gekröpften Rahmen war beim Unimog 404 S genauso gut geeignet, wie hier für das Baumuster 416.160. Die deutsche Schutzpolizei und besonders Sondereinsatzkommandos, sowie einige ausländische Schutzeinheiten, stellten 816 Fahrzeuge vom Typ UR 416 ab 1969 bis 1989 in Betrieb.

Gepanzerter **UR 416** mit Fahrgestell der Baureihe 416. Auf dem Foto ohne zusätzliche Aufbauten. Ein Fahrzeug mit sehr eingeschränkter Rundumsicht

Einige dieser Fahrzeuge hatten eine gepanzerte Beobachtungskuppel und vorderseitig ein Räumschild. Ein militärischer Einsatz ist nur aus Südamerika bekannt.

So wurde er in Gaggenau ausgeliefert. Unimog UR 416 als Torso ohne gepanzerten Aufbau.

Geschützter Sonderwagen UR 416. 8 bis 10 mm dicke Stahlplatten zur Panzerung

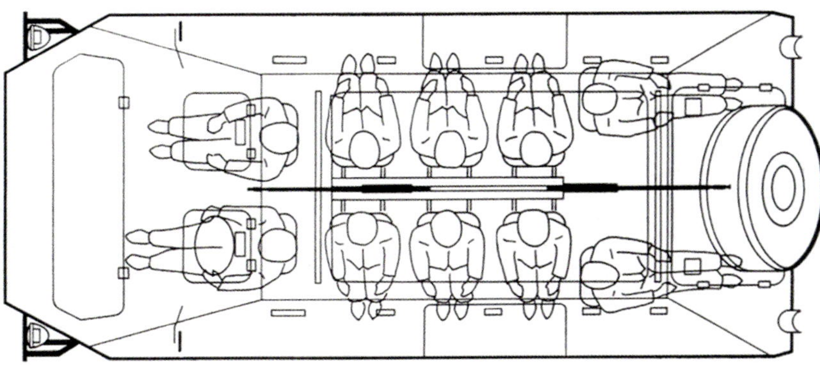

Oben: **UR 416** mit gepanzerter Beobachtungskuppel und Räumschild bei der Polizei im Einsatz. Dieser 416er war ein Vorläufer des Sonderwagens 4 TM 170.

Links: **Sitzplan UR 416** für neun vollausgerüstete Polizeibeamte und den Fahrer vorne links.

Spezial-Fahrzeug: Der Berliner-Polizei

Oben: **Berliner-Polizei** mit einem Unimog-Triebkopf der Baureihe 416, Typ U 110 und einem historischen 40 PS Polizei-Munga mit Ottomotor auf der Pritsche. Das Oldie-Gespann war vor vier Jahren zu Besuch im Unimog-Museum in Gaggenau.

Der flexibel gelagerte Triebkopfanhänger für Fahrzeuge funktioniert fast wie eine Dreipunktlagerung. Der »Anhänger« ist bis auf Bodenniveau stufenlos schräg absenkbar und daher ideal für den Fahrzeugtransport.

Polizeiautos in der Bundesrepublik grün-weiß lackiert

Farben mit schneller Erkennbarkeit In Deutschland waren oder sind noch folgende Farben an den Polizeiautos anzutreffen: Tannengrün (vor 1946, s. Seite 8), Grünweiß, Olivgrün, Grünsilber, Minzgrün, Blausilber.

Die heutige Folierung in Blau mit gelben Neonstreifen gibt die EU-VO vor; Polizeifahrzeuge sollen einheitlicher aussehen. Die Hamburger Polizei fuhr ab dem Jahr 2001 bereits blau folierte Streifenwagen, andere Länder folgten. Der Freistaat Bayern blieb bis 2016 bei RAL 6029 »Minzgrün«. Streifenwagen heißen jedoch nicht so, weil sie grüne Streifen an den Seite haben; der Begriff stammt von »streifen« im Sinne von »gehen«. Das Polizeifahrzeug muss in Verbindung mit dem Blaulicht sofort erkennbar sein. Genau dafür sind die genannten Unterbrechungen an der Konturmarkierung, die neongelben Streifen da (s. Seiten 33, 79 und 101).

Ab 1975: Grün-weiß fürs Polizeiauto.

Bei den Polizei-Tret-Unimog machte es der Hersteller den Großen nach.

Schwere Einsatzfahrzeuge: Sonderfahrzeug Dingo

Die DINGO-Fahrzeugfamilie ist nach dem australischen Steppenhund Dingo benannt und umfasst über 20 Fahrzeugvarianten. Hersteller ist Krauss-Maffei-Wegmann »KMW« aus München. Aus einer langjährigen Zusammenarbeit mit der Bundeswehr und mit der NATO hat KMW gemeinsam mit Rheinmetall und Mercedes-Benz auch für die Polizei ein typisches Führungsfahrzeug entwickelt. Das Handling gleicht einem SUV und ist für die vielfältigen Einsatzaufgaben eingeplant. Viele Eigenschaften und Details machen die besondere Attraktivität dieses universellen Fahrzeuges aus: So garantiert ein kleiner Wendekreis in Verbindung mit einem extrem starken Motor eine hohe Geländetauglichkeit. Die selbsttragende Sicherheitszelle aus Panzerstahl und die Verbundpanzerung erhöhen die Sicherheit der Besatzung auf ein Optimum. Dazu kommt die Einsatzmöglichkeit auch in städtischer Infrastruktur.

Der DINGO umfasst mehrere Typenreihen. DINGO 1 (Fahrgestell vom Unimog 437.1) ist von den Fahrzeugabmessungen her der kleinere Typ und optimal als wendiges Verbindungsfahrzeug einsetzbar. Der DINGO 2 (Fahrgestell vom Unimog 437.4, UHN) zeichnet sich vor allem durch höheren Schutz und höhere Zuladung aus. Beide Fahrzeuge verfügen über äußerst kompakte Abmessungen und erlauben in den logistisch relevanten Bereichen die Verwendung identischer Komponenten. So ist eine vereinfachte Versorgung und Ausbildung für alle Dingos garantiert. Bei ausländischen Polizeidienststellen wird der Dingo bereits eingesetzt. In Deutschland wird das Thema noch geprüft.

Oben beide Bilder: Räumfahrzeug: **Unimog UHN**, Baureihe 437.4 mit 218 PS und Doppelkabine für insgesamt sieben Personen.

Police-Dingo 2 im Ausland für acht Personen.

5 *Im SAR-Dienst*

SAR (Search and Rescue) – Organisation und Aufgaben

Im internationalen Sprachgebrauch wird die Aufgabe der DGzRS als SAR-Dienst bezeichnet. SAR steht für »Search and Rescue«, Suche und Rettung. Mit dieser weltweit einheitlichen Abkürzung sind die Einsatzmittel der in ihrem jeweiligen Land zuständigen Organisation deutlich sichtbar gekennzeichnet. Deshalb stehen die drei Buchstaben SAR auch deutlich sichtbar auf dem Rumpf aller Seenotrettungskreuzer und -boote der DGzRS.

Die DGzRS ist der zuständige, allumfängliche Seenotrettungsdienst auf Nord- und Ostsee. Sie ist keine Hilfsorganisation, sondern hat Garantenfunktion. Ihre Aufgaben sind die Rettung von Menschenleben aus Seenot, die Koordinierung aller Maßnahmen im Seenotfall und bei Hilfeleistungen innerhalb des deutschen SAR-Bereiches.

Im Rahmen der Durchführung dieser Aufgaben ergeben sich weitere Tätigkeiten, die damit in unmittelbarem Zusammenhang stehen (Auszug): medizinische Erstversorgung Geretteter, Sicherung gefährdeter Schiffe und deren Besatzungen, Hilfe bei der Befreiung der Besatzungen von See- und Luftfahrzeugen aus unmittelbarer Gefahr, Transport Kranker und Verletzter einschließlich Gewährung erweiterter Erster Hilfe und Erstversorgung von Unfallpatienten, jegliche Tätigkeiten, die drohende Not- und Unglücksfälle zu verhüten helfen, Unterstützung deutscher Schiffe oder deutscher Besatzungen bei Notfällen im Ausland, Unterstützung der Feuerwehren bei der Brandbekämpfung im Rahmen der Möglichkeiten, sowie Unterstützung des Havariekommandos bei komplexen Schadenslagen.

Diese Arbeiten passen bestens zum Produkt-Portfolio des Unimog.

Einsatz: 86.000 Menschen gerettet

Mensch über Bord, Brand im Maschinenraum, Wassereinbruch auf einem Fischkutter, ein schwer verletzter Seemann auf einem Frachtschiff, Ruderausfall an Bord eines Motorbootes, Mastbruch auf einer Segelyacht, ein erschöpfter Surfer – für den Ruf nach den Seenotrettern gibt es viele Gründe. »Du weißt nie, was dich auf See erwartet«, heißt es bei den Seenotrettern. Auf jeden erdenklichen Notruf lautet ihre Antwort: »Wir kommen!« Seit Gründung der Deutschen Gesellschaft zur Rettung Schiffbrüchiger (DGzRS) 1865 haben ihre Besatzungen rund 86.000 Menschen aus Seenot gerettet oder aus Gefahren befreit – freiwillig, unabhängig und spendenfinanziert.

Am Ufer braucht man geländegängige Allrad-Fahrzeuge wie den Unimog.

»Du weißt nie, was dich auf See erwartet!«

Bei solchen Einsätzen ist die Wattiefe des Unimog von 120 Zentimetern ein großer Vorteil.

Seenotretter: DGzRS leitet und koordiniert

Die Seenotretter sind verantwortlich für den maritimen Such- und Rettungsdienst in den deutschen Gebieten von Nord- und Ostsee. Die Bundesrepublik Deutschland hat der DGzRS diese hoheitliche Aufgabe verbindlich übertragen. Die Gesellschaft ist zuständig dafür, sämtliche Such- und Rettungsmaßnahmen durchzuführen, zu leiten und zu koordinieren. Dazu unterhält die DGzRS die deutsche Rettungsleitstelle See, das Maritime Rescue Coordination Centre (MRCC) Bremen.

Das Einsatzgebiet der Seenotretter erstreckt sich in Nord- und Ostsee von der Emsmündung im Westen bis zur Pommerschen Bucht im Osten über rund 3.660 Kilometer Küstenlinie. Das Such- und Rettungsgebiet der DGzRS (SRR = Search and Rescue Region of Responsibility) entspricht in etwa der deutschen ausschließlichen Wirtschaftszone.

Besonderheiten sind das gezeitenabhängige Wattenmeer der Nordsee, die ost- und nordfriesischen Inseln mit den strömungsintensiven Wasserrinnen (Gatten) sowie die Steilküsten der Ostsee und ihre Boddengewässer oder küstennahe Flachwassergebiete mit Verbindung zur offenen See.

Unimog Typ U 2150 mit Reifendruck-regelanlage für weiche Böden.

DGzRS
STATION WUSTROW
www.seenotretter-wustrow.de
www.dgzrs.de
UNIMOG
HB BT 929

60 Seenotkreuzer im Einsatz

Auf 55 Stationen zwischen Borkum und Ueckermünde hält die DGzRS rund 60 Seenotrettungskreuzer und -boote verschiedener Größen einsatzbereit. Das Stationierungskonzept basiert auf den Kriterien Gefahrenschwerpunkte, Verkehrsdichte und Revierverhältnisse. Die verschieden großen Rettungseinheiten zwischen sieben und knapp 50 Metern Länge ergänzen sich bei Bedarf optimal. Die hohe Stationsdichte macht es möglich, innerhalb kurzer Zeit mehrere Seenotrettungskreuzer und -boote am Einsatzort zu haben.

Bei groß angelegten Suchen und komplexen Seenotfällen ist die Zusammenarbeit verschiedener Rettungseinheiten der DGzRS erforderlich. MRCC BREMEN zieht bei Bedarf auf Basis internationaler Vereinbarungen Fahrzeuge, die sich zufällig im Seegebiet aufhalten, zur Suche und Rettung hinzu, ganz gleich ob es sich um Handelsschiffe, Behördenfahrzeuge, Sportboote oder auch Hubschrauber handelt.

In besonderer Weise vertraglich festgelegt ist die Zusammenarbeit mit den Such- und Rettungshubschraubern der Marineflieger (aeronautischer Such- und Rettungsdienst).

Oben: Eigentlich ein Wasser-Unimog. Ein Seenotrettungsboot in voller Fahrt.

Rechts: SAR-Hubschrauber vervollständigen das Rettungsangebot.

Salzwasser setzt den Fahrzeugen zu

Die unterschiedlichen Einsatzgebiete der Seenotretter erfordern spezielle Rettungstechniken. Einige Stationen in Mecklenburg-Vorpommern verlangen besondere Mobilität. Einerseits muss das Seenotrettungsboot zur Ostsee eingesetzt werden können, andererseits über den Landweg auch schnell zu den weit verzweigten rückwärtigen Boddengewässern transportiert werden können.

Für diese Reviere hat die DGzRS sieben Meter lange Seenotrettungsboote entwickelt, die auf einem Spezialtrailer liegen und von einer Zugmaschine zum Einsatzort gebracht werden. Die gesamte Rettungseinheit fährt weit ins Wasser, bis das Seenotrettungsboot auf dem Trailer aufschwimmt. Zurück geht es auf umgekehrtem Weg: Das propellerlose, mit fast 300 PS starkem Wasserstrahlantrieb (Jet) ausgestattete Boot fährt mit hoher Geschwindigkeit auf den Strand, wird anschließend mit einer starken Seilwinde gedreht und wieder auf den Trailer hinaufgezogen. Auch diese Boote sind von ihrer Konstruktion her absolut vergleichbar mit den größeren Einheiten der Rettungsflotte. Sie sind ebenfalls vollständig aus Aluminium gebaut und können bei jedem Wetter eingesetzt werden. Sie zeichnen sich durch hohe Seetüchtigkeit aus, besitzen in Grundsee und Brandung gute See-Eigenschaften, manövrieren einwandfrei und überstehen heftige Grundstöße und -berührungen.

Als Zugmaschine kommt auf den Stationen Wustrow und Zingst jeweils ein »watfähiger« Unimog U 2150 L zum Einsatz. Auf der Station Zinnowitz wurde Anfang 2010 als Ersatzfahrzeug ein Traktor des Typs John Deere 7730 stationiert. Der Unimog, Baujahr 1993, zeigte in diesem Revier erhöhte Verschleißerscheinungen. Häufiger Kontakt mit Sand und Salzwasser hatte das Material besonders stark in Mitleidenschaft gezogen.

Die MB-Generalvertretungen bieten gegen das aggressive Salzwasser eine besondere Hilfestellung an, um die Fahrzeuge widerstandsfähiger für das Fahren im Meerwasser zu machen. Was sich dabei bewährte, ist eine Hochdruck-Unterbodenwäsche nach jedem Seegang. Für die besonderen Anforderungen im Einsatz am Strand und in der Brandung wurde auch ein weiterer Traktor »watfähig« gemacht. Ein viertes Gespann aus Unimog und Seenotrettungsboot auf Spezialtrailer war von 1993 bis 2002 in Kühlungsborn stationiert. Nach dem Bau des dortigen Bootshafens stationierte die DGzRS dort ein größeres, ständig im Wasser liegendes Seenotrettungsboot.

Wustrow und Zingst: **Unimog Typ 2150 L**, als watfähige Zugmaschine.

6 *Dienst beim Militär*

Unimog beim Militär: Für die U.S. Army in Afghanistan

Von 1986 bis 1991 wurden Unimog für die amerikanischen Pioniere umgerüstet beziehungsweise gebaut. Es war die Baureihe 419 SEE Tractor, gefertigt auf Basis der Baureihe 406. Der Produktionsprozess erwies sich als sehr schwierig, da die amerikanischen Militärs eigene Vorstellungen von dem Gerät hatten. Einige Teile kamen direkt zum Verbauen aus den USA. Auch die 24-V-Elektrik stammt von der U.S. Army. Als hochkompliziert erwies sich die Verarbeitung der amerikanischen Komponenten-Militärfarbe, die eine große Herausforderung für den Arbeitsschutz und für die Mitarbeiter vor Ort war. Vertrieben wurde das Fahrzeug unter der Marke FREIGHTLINER.

Die gesamte Produktion von 2.416 Fahrzeugen ging an die U.S. Army. Eingesetzt wurden diese Fahrzeuge unter anderem im Kosovo, in Bosnien, Somalia, dem Irak und Afghanistan.

Den Rahmen dieser Baureihe 419 mit vier Baumustern kann man mit dem klassischen U-406-Rahmen nicht mehr vergleichen. Es wurden Verstärkungen und Versteifungen an den Längsprofilen vorgenommen. Die Amerikaner legten wegen der Lufttransporte allergrößten Wert auf Einhaltung des Gesamtgewichts von 7.450 kg.

Unimog-Konstruktion war militärischer Sicherheitstrakt Teile der Entwicklung im Bereich Unimog-Konstruktion glichen damals einem militärischen Sicherheitstrakt mit einem Aufwärter. Außer bei der U.S. Army stand dieser erfolgreiche Unimog auch beim U.S. Marine Corps im Dienst. Der SEE Tractor mit 110 PS ist ein reines Pioniergerät mit verschiedenen Anbaugeräten wie Frontschaufel und klappbarem Heckbagger. Die Baureihe 419 bewährte sich auch bestens im U.S. Marine Corps. Im Jahre 2001 fiel bei der U.S. Army und U.S. Marine die Entscheidung, dass 2.200 Stück dieser Unimog aus Deutschland grundüberholt und umgebaut werden sollten und somit noch deutlich länger zur Verfügung stehen würden. Viele dieser Unimog wurden in den letzten Jahren als Gebrauchtfahrzeuge für zivile Nutzung wieder nach Deutschland zurückgeführt.

Beim Verladen in eine USAF-Transportmaschine für einen Übersee-Einsatz.

Unimog beim Militär: Bundeswehr ab 1956

In Gaggenau begann man mit der Entwicklung des Sonderfahrzeuges »S« Knapp drei Jahre, nachdem die Unimog'ler aus Göppingen nach Gaggenau umgezogen waren, setzten Albert Friedrich und Konstruktionschef Heinrich Rößler ein Entwicklungsteam ein. Das Fahrgestellteam war unter der Leitung des Teamchefs Engelen für das Gesamtfahrzeug federführend zuständig. Ihm gehörten u. a. folgende Konstrukteure an: Christoph Schmidt, Paul Fischer, Roland Wirlitsch und Karl Vollmer. Daimler-Benz entwickelte somit ein Sonderfahrzeug-Fahrzeug (»S« steht für Sonderfahrzeug). Konstruktionsziel war ein leichter, geländegängiger 1,5-t-Lkw mit den typischen Unimog-Merkmalen unter Beachtung aller patentierten Unimog-Konzeptvorgaben. »Von Anfang an wurde der militärischen Verwendbarkeit Priorität eingeräumt und der mit der Fahrerhausgestaltung betraute Hermann Ahrens versicherte, dass bei dessen Konstruktion alle damals bestehenden EVG-(Europäische Verteidigungs-Gemeinschaft) Bestimmungen und NATO-Normen berücksichtigt worden« seien.

Das wurde von vielen (auch im Ausland) mit gemischten Gefühlen beobachtet. Dies, obwohl von Anfang an ausgerechnet die Armee der französischen Besatzungszone dahinterstand und eine optionale Abnahme von anfangs 700 Unimog-S mit steigenden Perspektiven (endgültig wurden es dann 4.000 Stück, ohne die Kolonien und Zivil mit ca. 1.000 Stück) in Aussicht stellten. Für Daimler-Benz, auch aus der Sicht der Arbeitsplatzsicherung, ein lukrativer Gedanke.

Mai 1955 auf dem Sauberg: Unimog-S aus der Anfangsserie der Baureihe 404.1.

Unimog beim Militär: 21.775 Unimog des »Zwo-Tonners« für die Bundeswehr

Baureihe 435

Platz für drei Personen.

Als Nachfolger des legendären Unimog-S, der Baureihe 404.1, hat sich ab 1978 der Unimog 1300 L, der Baureihe 435, bestens bewährt. Der »Unimog bei den Uniformen« wurde mit fast 21.775 Stück zum Erfolgsmodell bei allen Waffengattungen. Auf der Basis der Baureihe 425 basiert die Baureihe 435, deren Typen sich durch längere Radstände und höhere Motorleistungen unterscheiden. Gefertigt wurde die Baureihe von 1975 bis 1993, es entstanden insgesamt fast 31.000 Fahrzeuge in zehn Baumustern. Erfolgreichstes Modell war der U 1300 L, Baumuster 435.115, der in großen Stückzahlen an die Bundeswehr und Feuerwehren geliefert wurde. Ab 1976 wurde die Bundeswehr mit dem U 1300 L beliefert.

Das Ganzstahlfahrerhaus des U 1300 L der Baureihe 435 ist sehr geräumig und bietet Platz für drei Personen; eine Vorgabe, die im Lastenheft der Bundeswehr wieder zu finden ist. Für Wartungs- und Reparaturarbeiten ist das Fahrerhaus hochklappbar. Eine weitere Variante ist die für sieben Personen ausgelegte Doppelkabine (Doka – siehe auch Seite 50).

Unimog beim Militär: Belgiens Armee setzt auf Unimog

Ab 1995 beschaffte die Belgische Armee im Rahmen einer Umstrukturierung und Modernisierung Radfahrzeuge in großen Mengen. Darunter waren auch **1.750 Stück U 1550 L der Baureihe 437.1** mit den unterschiedlichsten Aufbauten. Ein großer Teil der Fahrzeuge wurde mit Pritsche / Plane ausgeliefert. Bis zur Auslieferung bedurfte es aber viele Hürden zu erklimmen, denn die Konkurrenz war groß. Auf dem berüchtigten und anspruchsvollen Erprobungsgelände „Brasschaat" hatte der U 1550 L an dem bis dahin weltweit härtesten Vergleichsverfahren teilgenommen.

17.000 Kilometer im Dreck und Schlamm Das Highlight der Tests waren die 17.000 Kilometer reine Schlammfahrten. Hier trennte sich die »Spreu vom Weizen« und der Unimog machte das Rennen gegen Bucher Duro und Hummer Cab-Over. Der Unimog 1550 L der Belgischen Armee kam zu folgenden Einsätzen: In Afghanistan bei der ISAF, bei Fernspäh- und Patrouilleneinheiten, in Para-Commandos-Brigaden, mit Kofferaufbauten bei Werkstatt-, Fernmelde- und Kommandofahrzeugen, bei Luftladeeinheiten und dabei beim Transport in Hercules Transportflugzeugen, mit Aufbauradaranlagen sowie bei mobilen Luftabwehrsystemen, als Sanitätsfahrzeuge und bei der Militärfeuerwehr. Am Ende war diese Aktion mit den Belgiern ein wichtiges Überlebensgeschäft für die Gaggenauer.

Typbeschreibung: Baureihe: 437.1

Produktionszeit	1988 – 2003
Verkaufsbezeichnung	U 1550 L
Baumuster	437.120

U 1550 L für Belgien.

Unimog beim Militär: Einsatz in Südamerika

Made in Germany war gefragt Für das argentinische Militär war der Wertbegriff »Made in Germany« sehr hoch angesiedelt. Hinzu kam vor Ort die hocheingeschätzte und überzeugende Vorführstrategie der deutschen Experten aus Gaggenau. Somit war es im Prinzip eine ganz einfache Angelegenheit, den Südamerikanern den Unimog zu verkaufen. Der Unimog sollte mit vielen deutschen Komponenten im Lizenzbau hergestellt werden. Der Erfolg: Es wurden fast 6.000 Unimog in Argentinien produziert.

Lizenzbau Für die Militärs in Südamerika wurden in Lizenz viele Tausend Unimog der Baureihen 426 und 431 in Argentinien produziert. Die beiden »Südamerikaner« basierten auf dem U 416 und dem U 421. Diese zwei Baureihen entstanden mit CKD*-verpackten Teilen aus Gaggenau und wurden durch Teile ergänzt, die Mercedes-Benz in Argentinien (zum Beispiel die Pritschen) selbst herstellte. Der Radstand war beim U 426 analog dem U 416 auf 2.900 mm definiert und als Motor entschied man sich für den 80 PS starken OM 352. So entstanden ab 1968 exakt 2.643 Unimog 426 für die Militärs in Argentinien, Chile, Peru und Bolivien. Hauptabnehmer waren dabei die Argentinier. Beim U 431, Baumuster 431.210 und 211, wählte man als Motorisierung den OM 615 mit damals 60 bzw. 65 PS. Viele der Fahrzeuge hatten eine Werner-Seilwinde (ebenfalls Lizenzbau).

*CKD=Completely Knocked Down.

Oben: Die in argentinischer Eigenregie gebaute Pritsche mit tiefgelegtem Fußteil.

Rechts: Testfahrten auf dem Gaggenauer Sauberg mit dem **U 431**.

U 2010 im Unimog-Museum. Vom Kunden war dieser U 2010 äußerlich von einem »Boehringer« nicht zu unterscheiden. Auch das rote Kraftsymbol, der Ochsenkopf zierte weiterhin die grüne Motorhaube. Während die Gebr. Boehringer in knapp zwei Jahren 602 Einheiten bauten, legten die Gaggenauer ab 4. Juni 1951 eine hohe »Startgeschwindigkeit« hin. Für das Restjahr 1951 wurden noch 1.005 Unimog produziert. Das waren pro Monat 145 Exemplare.

Unimog beim Militär: Schweizer Armee übernahm 540 Unimog 2010

Der Unimog 2010 war das kleinste mit einem Dieselmotor angetriebene Fahrzeug der Schweizer Armee. Deshalb wurde es innerhalb der Truppe liebevoll »Dieseli« genannt. Dieses Unimog-Modell prägte in der Schweiz während vier Jahrzehnten das militärische Straßenbild und kam bis zur Außerdienstsetzung Ende 1989 vorwiegend als Baufahrzeug für militärische Fernmeldeleitungen zum Einsatz. Die ersten 160 Fahrzeuge wurden im Jahr 1951 geliefert, womit jeder sechste in jenem Jahr gebaute Unimog zur Schweizer Armee ging. Im Frühjahr 1952 folgten 200 weitere Fahrzeuge, von denen 190 eine kleine Rahmenseilwinde aufgebaut erhielten. Der letzte Großauftrag zum U 2010 wurde im August 1952 in sechs Teillieferungen zu je 30 Fahrzeugen abgewickelt.

Insgesamt verfügte die Schweizer Armee über 540 Unimog der Baureihe 2010, was fast 10 Prozent der insgesamt hergestellten U 2010 entspricht. Rechnet man die 44 erhalten Boehringer-Unimog hinzu, dann hatte die Schweizer Armee, mit Stand Februar 1954, 584 Universalmotorgeräte im Bestand. Im Unimog-Museum steht heute ein U 2010 aus der Lieferung vom August 1952 über 180 Fahrzeuge für die Einheiten der Artillerie, Pioniere und Flugplatztruppen. Das Fahrzeug ist seit Kurzem dauerhaft mit einer vollständigen Ausrüstung für den Leitungsbau zu sehen.

In der Unimog-Szene ist heute der »Schweizer-Dieseli« der beliebteste Unimog bei den kleinen Baureihen beziehungsweise Ur-Unimog. Man kann davon ausgehen, dass es durch die liebevolle Pflege noch etwa 200 dieser Fahrzeuge gibt.

Unimog beim Militär: Stütze in der türkischen Armee

Als Unimog-Produktionsstandorte außerhalb von Deutschland sind den meisten nur Argentinien und Südafrika bekannt. Aber wie war es mit der Türkei? Der Bau von Unimog in der Türkei ist vorwiegend mit dem Namen Mustafa Kouleman verbunden. Kouleman war nicht nur ein exzellenter Generalimporteur, sondern auch ein im In- und Ausland hochgeschätzter Industrie- und Vertriebsmanager. Den Unimog-S importierte Kouleman ab 1966/67 mit großen Stückzahlen in die Türkei. Zwanzig Jahre später haben die Daimler AG und Mercedes-Benz Türk A. S. in der Südtürkei, zwischen Mittelmeer und Ankara, das Werk Aksaray eröffnet.

Ab dem Oktober 1987 wurde auf Initiative von Kouleman der Unimog dort hergestellt. Per CKD-Montagelinien sind an Ort und Stelle die in Deutschland zerlegten Unimog und Lkw zusammengebaut worden. Der in Aksaray gefertigte Unimog 1300 L bekam die Baureihe 436, anstatt wie in Deutschland Baureihe 435, zugeordnet.

Die Besonderheit beim türkischen U 1300 L war das Klappverdeck (ohne Überrollbügel) für eine kleinere Stückzahl. Der Rest bekam das Ganzstahlfahrerhaus. Bis zum Programmwechsel, in 2007 zum U 4000 der Baureihe 437.4, wurden 7.000 Unimog der BR 436 gebaut. Was viele nicht für möglich hielten, ist das ausgesprochen hohe Qualitätsergebnis, das mit dem Mutterland des Unimog mithalten kann. Seit 2008 produziert Aksaray für Wörth am Rhein auch den Spezial-Unimog-Rahmen für den UHN und UHE.

Beide Bilder: **Baureihe 436** (U 1300 L), BM 436.320 als Cabrio in der Türkei gebaut.

Unimog beim Militär: In aller Welt

Diese UHE-Modelle der Baureihe 437.4 sind für die Daimler Truck AG, im Bereich hochgeländegängige Unimog, regelrechte Premiumfahrzeuge. Das Militär kommt weltweit an diesen Konzepten nicht vorbei.

Links: Baureihe **437.4 UHE**.

Unten: Antriebsstrang vom Unimog. KMW-Dingo 6x6 für Einsätze im Grenzbereich.

Ganz unten: Unimog sind Premiumfahrzeuge.

7 *Dienst am Flughafen und bei der Eisenbahn*

Unimog-Doppelkabine, Baumuster 406.145, zum Transport von Bodenpersonal und des Piloten. Am Haken eine McDonnell F4 Phantom, ein Kampfflugzeug der Bundeswehr.

Unimog im Einsatz: Flughafenvorfeld

Auf dem Flughafenvorfeld dreht sich alles um die Abfertigung der Luftfahrzeuge. Charakteristisch hierfür ist die enge Zusammenarbeit verschiedener Gewerke, um in definierten Zeitfenstern alle Dienstleistungen bereitzustellen. Da die Einhaltung der Einsatz- und Flugpläne hohe Anforderungen an alle Mitarbeiter stellt, ist es unumgänglich, dass sich jeder auf dem Vorfeld an die vorgegebenen Regeln hält. Dies gilt auch primär bei Alarmstarts der Düsenjäger. Unimog werden meistens auf militärischen Flughäfen eingesetzt. Aber auch auf zivilen Großflughäfen können Unimog hin und wieder gesichtet werden. Gefahrbereiche an Jets und Propellermaschinen sind die Bereiche, in denen erhöhte Gefährdungen für Leben und Gesundheit von Personen bestehen, zum Beispiel bei laufenden Triebwerken durch den sogenannten Abgasstrahl oder drehender Propeller, beim Schleppen und Pushback*.

*Zurücksetzen eines Flugzeuges.

Natürlich gehen auch Gefährdungen durch die Bewegung von Schleppern und Luftfahrzeugen aus. Deshalb gilt als Sicherheitszone eine Fläche innerhalb einer gedachten Linie, die mit einem Abstand von mindestens fünf Metern (Empfehlung der Militärs) um Bug, Tragflächenspitzen und Heck des abgestellten Luftfahrzeugs verläuft.

Unimog 401 mit 25 PS. Am Haken eine Douglas DC 3.

Unimog im Einsatz: Flughafenvorfeld

Die Vorteile des Unimog auf dem zivilen Vorfeld waren die Schnelligkeit, Zugkraft und die Fahrzeughöhe. Heute sind diese Fahrzeuge durch ganz spezielle Vorfeldfahrzeuge ersetzt.

Oben: Eine viermotorige Super Constellation am Haken eines **Unimog 2010**. Unimog mit Doppelbereifung hinten.

Unten: **Unimog 406** mit 80 PS zieht eine 400 Tonnen schwere Boeing 747 »Jumbo« quer durchs Vorfeld.

Schienen-Unimog im Einsatz: Der Schienen-Unimog in Pariser Bahnhöfen

Anfang der 1960er-Jahre kam in Frankreichs Bahnhöfen die Stunde der Schienen-Unimog oder besser noch: der Zweiwege-Fahrzeuge. Die Firma Ries aus Bruchsal rüstete die Fahrzeuge um und entwickelte einzelne Baugruppen, wie die einer Schubstange, weiter. Etwas zäh und zeitraubend verlief allerdings die Umrüstphase vom Straßen- zum Schienenfahrzeug.

Anfänge bei Beilhack Zweiwegefahrzeuge (Zwf) gab es in Amerika schon vor fast genau 100 Jahren: Laut Patentschrift waren das sogenannte »Straßenfahrzeuge mit Führungsvorrichtungen für Schienenfahrt«. Ende der 1950er-Jahre beschäftigten sich auch die Unimog-Konstrukteure mit diesen Zwf. Die ersten ernsthaften Versuche mit dem Zwf wurden um 1960 im oberbayerischen Rosenheim bei der Firma Beilhack durchgeführt. Anfangs waren es noch Stahlkufen, die die Spur hielten, die aber alsbald von Spurrollen abgelöst wurden. Das Zwf fährt mit seinen Straßenrädern auf der Schiene und wird durch die Schienenspurrollen sicher in der Spur geführt. Der Antrieb und das Bremsen erfolgen durch die Straßenräder. Für jedes Baumuster, Spurweite, Kurvenradius und Geschwindigkeit gibt es die passenden Schienenführungen. Parallel zu dieser Entwicklung startete die Firma Ries mit dem Programm LOKOMOBIL in Bruchsal ein Konzept unter Verwendung von Michelin-Rädern und Spurführungen mit 400 mm Schienenlaufrädern. Ries entwickelte in der Folge vielseitig einsetzbare Zweiwegesysteme mit Spurrollen. Die Anwendungen lagen dabei primär auf der Schiene, weil zum Straßenbetrieb ein kompletter Radwechsel notwendig war.

Oben: 1966 – Pariser-Bahnhof: **U 411-Zweiwege** im Schubverband bei Rangierarbeiten.

Links: Zwei Michelin-Spezialräder auf Vollgummibasis nach dem System Ries, Bruchsal.

Schienen-Unimog im Einsatz: Ersatzlokomotive in der Großindustrie

Man mag es kaum glauben, denn Fahrzeuge auf Schienen gab es in den USA schon vor fast 100 Jahren. Es waren damals sogenannte »Straßenfahrzeuge mit Führungsvorrichtungen für Schienenfahrt«. Die Führungsvorrichtung für die Schiene bestand aus Schienenrädern mit zusätzlichen Sicherungsstützen, die jedem Straßenrad zugeordnet und mittels einer Hubvorrichtung auf die Schiene abgesenkt wurden. Also im Grunde schon eine ähnliche Technik, wie sie heute beim Unimog vorherrscht. Beim Unimog reden wir heute von »Zweiwegefahrzeugen«. Bereits in den 1950er-Jahren hatte der zuständige Dezernent für den Bahnbetrieb in München die Idee, den Unimog im Rangierbetrieb einzusetzen. Die Innenkante der Schienenspur mit 1,25 m passte geradezu ideal zum Unimog. Daraufhin wurden erste Spurhalter als Gleitkufen entwickelt. Erste Testfahrten folgten, in Anwesenheit der Firma Beilhack aus Rosenheim, von München nach Prien. Bereits 1960 nahm sich Beilhack des Themas an und optimierte die Zweiwegeeinrichtung.

Von den Kufen zu den Schienenspurrollen Die Kufen wurden relativ bald von Spurrollen abgelöst, was auf dem Markt den Durchbruch bedeutete. Parallel zu dieser bayerischen Entwicklung startete im badischen Bruchsal bei der Firma Ries ein Konzept unter Verwendung von Michelin-Rädern und Spurführungen an Schienenlaufrädern mit 400 mm Durchmesser. Diese Anwendung lag primär nur auf der Schiene und setzte sich nicht durch.

ZAGRO-Unimog U 900, BM 406.121 mit vorne Gelenkspurrollen und Gleitkufen hinten.

Schienen-Unimog im Einsatz: ZAGRO-Zweiwege-Unimog, BR 427, Typ U1650

Ab 1974 war der Firmenname ZAGRO Bahn- und Baumaschinen GmbH. Zuvor hieß die Firma Zappel KG. ZAGRO setzt sich zusammen aus Zappel + Grombach = **ZA+GRO**. Mit der Entwicklung einer Schienenführung für Schmalspurgleise zum Anbau von Mercedes-Basisfahrzeugen wurde der erste Kontakt nach Gaggenau geknüpft. ZAGRO lieferte 1984 einige Schmalspurfahrzeuge auf der Basis Unimog U 406 nach Südafrika. Auch die Schienenführungen haben sich laufend verbessert. 1985 kam der Durchbruch, denn ZAGRO übernahm das Zweiwegeprogramm LOKOMOBIL von **Ries** in Bruchsal. Die neue Sparte nannte sich **Unimog-Zweiwegefahrzeuge**. Der erste ZAGRO für die Schienen ging 1986 nach Lübeck. Seither steigen die Stückzahlen von Jahr zu Jahr.

Technische Daten (Basisfahrzeug)

Typ	U 1650, BR 427, Baumuster 115
Geschützter Aufbau	Thyssen-Krupp
Motor	Mercedes-Benz OM 366 A
Motorleistung	165 PS
Getriebe	UG 3/65 , 8V + 8R
Bauzeit der BR 427	1988 bis 2002
Stückzahl (U 1650)	1.588
Gesamtgewicht	9.000 bis 10.000 kg

ZAGRO-Zweiwegesystem, oben im Bild die Spurrollen.

Schienen-Unimog im Einsatz: Zweiwege-Unimog in aller Welt

Das Einsatzspektrum des modernen Zweiwege-Systems ist riesig. Man findet es heute in Raffinerien zum Rangieren der Tankwagen, bei der Bundes- und Regionalbahn für die Schienenwartung, in der Industrie in der Metallentsorgung und beim Transport fertiger Produkte. Der Zweiwege-Unimog-Fahrer braucht dazu, sobald er die DB-Schienen tangiert, eine spezielle Fahrschule sowie eine Prüfung bei der Deutschen Bahn.

1 U 1650 für ein Erdöl-China-Projekt.

2 U 500 6x6 für einen Japanischen Kunden

3 U 406 bei der Bundeswehr.

4 MB- trac 700 K in einem Schweizer Bahnhof.

5 U 400 im Rangierbetrieb.

6 U 423 UGE Ausstellung im Unimog-Museum.

Schienen-Unimog im Einsatz: Marktsegment mit großer Kernkompetenz

Noch heute ist die Zweiwege-Anwendung ein wesentlicher Bestandteil in der Entwicklung des Unimog. Kein Lkw-Hersteller der Welt berücksichtigt bei der Neukonstruktion eines Basisfahrzeugs die Adaptionsmöglichkeiten einer Zweiwegeeinrichtung so systematisch wie Daimler Truck beim Unimog.

So werden bei neuen Modellreihen die Achsanbindungen, die Spurweiten der Bereifung – ja selbst die Reifen – auf den Zweiwegeeinsatz abgestimmt. Für den Betrieb der Zweiwegeeinrichtung werden elektronische Schnittstellen geschaffen, die dem Fahrzeug den Straßen- und Schienenmodus ermöglichen.

Obwohl es sich hier um einen Nischenmarkt handelt, legt Daimler Truck großen Wert auf dieses Marktsegment, das große Kernkompetenz bedeutet.

Oben: **Zweiwegeunimog U 406/ U 90** auf dem Gernsheimer Bahnhof in Hessen. Hier bei Rangierarbeiten an einem der Stichgleise zum Rheinhafen.

Von der Firma Ries, Bruchsal umgebaute **Zweiwegelok U 406** mit 84 PS beim Testen von Rangieraufgaben auf Bundesbahngleisen.

Showeinlage mit einem Zweiwege-Rangier-Unimog beim »Tag der Offenen Tür« im Daimler Truck-Werk in Wörth am Rhein.

8 *Außer Dienst beim Truck Trial*

Truck Trial mit Unimog: Sportveranstaltung oder Mutprobe

Manche nennen Truck Trial eine Sportveranstaltung mit viel Überwindungsgeschick – oder auch von Mutproben ist dabei die Rede. Egal wie, die Zuschauer haben dabei ihren Spaß. Für die Fahrzeugweiterentwicklung haben die Ergebnisse dieser Geländefahrten wenig Nutzen, denn es fehlt an systematischer Auswertung der Fahrdaten und der Bauteileanalysen nach den Fahrten. Oftmals ist ein Fahrzeug nach einem Crash unbrauchbar. Es besteht dabei keinerlei Zweifel an den exzellenten Fahrkünsten der Truck-Trial-Piloten.

Mit dem Unimog-S in der Oberliga Extreme Umbauten und Anpassungsprozesse beim Unimog führten dazu, dass er jahrelang bei den Deutschen Truck-Trial-Meisterschaften eine super Figur machte und auch jede Menge Preise und Pokale einfuhr. Er war nicht nur eine Art Einsteiger-Fahrzeug zu günstigem Preis, sondern mit dem »S« konnten alle hochgeländegängigen Unimog-Vorzüge voll ausgekostet werden. Er fuhr in der Truck-Trial-Oberliga. Natürlich hatte der mit Sponsoren-Logos voll bepflasterte Truck-S nicht nur die klassischen 82 PS, sondern bewegte sich in einer aufgemotzten Klasse mit über 150 PS.

Unimog-S: Überrollbügel und Fahrerhausversteifungen verhindern Verletzungen.

Unimog 406 auf »Tauchfahrt«. Da kam er natürlich wieder heil heraus!

Truck Trial mit Unimog: Was geht da ab beim Truck Trial?

Beim Truck Trial handelt es sich um eine Motorsportart (…also doch Sport), bei denen die Fahrer von sehr geländegängigen Allrad-Lastkraftwagen zwischen die gesteckten, farblich markierten Eckfahnen (Tore) mit viel Geschick und Können in extrem unwegsamem Gelände (mit Steilhängen, Teichen, Felsen etc.) das Ziel möglichst fehlerfrei erreichen müssen. Es handelt sich daher eher um einen Geschicklichkeitswettbewerb im Gegensatz zu solchen Motorsportveranstaltungen, die ausschließlich nach Rundenzeiten bewertet werden.

Die Trial-Motorsportart ist in den 1950er-Jahren in England entstanden. Der Lkw-Truck-Trial-Wettbewerb begann in den 1980er-Jahren. Bei der Internationalen Truck-Trial-Meisterschaft (ITTM) wird seit 2012 in fünf seriennahen (S1-S5) und zwei Prototypenklassen (P1-P2) gefahren. Beim Europa Truck Trial gibt es insgesamt vier Klassen (2- bis 4-Achser) sowie eine einzige Prototypklasse.

Einteilung in Klassen Sie erfolgt in der Hauptsache anhand der Kriterien Spurweite und Radstand sowie ob es sich um serienmäßige bzw. seriennahe Fahrzeuge handelt (Klassen S1–S5). Fahrzeuge, die nicht serienmäßig oder seriennah sind, werden in die Prototypenklassen P1 und P2 eingeteilt.

Truck Trial mit Unimog: Reglement

Beim Truck Trial wird ein Parcours, genannt Sektion, in einem vorgegebenen maximalen Zeitlimit gefahren. In den meisten Fällen ist diese Zeit ausreichend und wird deutlich unterschritten. In den Sektionen sind einzelne Tore gesteckt (ähnlich einem Ski-Slalom), wobei die linke Torstange in Fahrtrichtung weiß markiert ist. Die Teilnehmer können sich eine eigene Reihenfolge der Tore in der Sektion aussuchen und diese dann möglichst fehlerfrei fahren. Dabei ist nur zu beachten, dass durch das Eingangstor eingefahren wird und durch das Ausgangstor die Sektion wieder verlassen wird. Für Fahrtrichtungswechsel, Berührungen der Torstangen sowie der Bande, Brechen einer Torstange, das falsche Durchfahren eines Tores, das Auslassen eines Tores und die Überschreitung des Zeitlimits gibt es Strafpunkte. Das Team in seiner Klasse mit den wenigsten Strafpunkten am Ende eines Wettkampfwochenendes wird der Sieger des Laufes und sammelt dadurch Meisterschaftspunkte.

Klassifizierung der Lkw

S1	z. B. kleine Unimog 406 und Unimog-S
S2	z. B. große Unimog 416 mit langem Radstand
S3	z. B. IFA W50 LA – große 2-3 Achsen
S4	z. B. Tatra 813 6x6 – 3 Achsen
S5	z. B. Tatra 813 8x8 – große 4 Achsen
Prototypen	
P1	Fahrzeuge ähnlich Klasse S1
P2	Fahrzeuge mit größeren Radständen und Spurweiten als P1

Klasse S1: Das erfolgreiche Team Bühler aus Sindelfingen mit einem Unimog 406.

Truck Trial mit Unimog: Monster Trial mit 300 PS

Der Unimog-S fährt bei den Meisterschaften in der Klasse S1. Klassengleich ist auch der U 406. In den Klassen S2 und S3 finden wir bereits leistungsstärkere Fahrzeuge wie den U 1300 L oder den U 2450 L38 mit 240 PS. Beim Slalom durch die markierten Torstangen entscheiden aber meistens nicht die PS sondern das fahrerische Können. Für den Fotografen sind beim Truck Trial die sogenannten »Tauchgänge« am spannendsten.

Fazit: Truck Trial ist eine reine Materialschlacht verbunden mit fahrerischem Können.

Klasse S3: **Unimog 6x6** mit 240 PS.

Klasse S5: Tatra 8x8 mit 300 PS.

Truck Trial mit Unimog:
Je extremer desto spannender …

Steigungen zwischen 60 und 110 Prozent. Fast wie in der Eiger-Nordwand.

7 *Unimog in Prospekten und im Museum*

Geräumiger und bequemer

Das neue geschlossene Fahrerhaus bietet ein Drittel mehr Raum als bisher. Fahrer und Beifahrer haben nach allen Seiten gute Bewegungsfreiheit. Schallschluckendes Material und eine Deckenbespannung schirmen das Fahrerhaus gegen Geräusche weitgehend ab. Die um 20 cm verbreiterte Tür, die neue Trittstufe in richtiger Höhe, zwei Handgriffe auf jeder Seite und außerdem Auftritte aus Profilgummi auf den Radabdeckungen machen das Einsteigen bequem. Durch eine neuartige Schnellverstelleinrichtung läßt sich der Fahrersitz zum Aus- und Einsteigen ganz zurückschieben und ist zum Fahren sofort wieder in die richtige Stellung gebracht. Die ungeteilte, gewölbte, um 12% größere Windschutzscheibe bietet vorzügliche Übersicht. Durch zwei Lufteintrittsklappen im Fußraum, zwei weiteren über der Frontscheibe und vier Abzugsöffnungen in der Rückwand läßt sich der Innenraum gut belüften. Die gegen Mehrpreis gelieferte Heizung ermöglicht es, bei jeder Witterung die gewünschte Temperatur einzustellen. Durch Ausstellfenster in beiden Türen kann Frischluft zugfrei zugeführt werden. Zwei große Taschen an den beiden Türen, zwei Garderobenhaken und einige weitere Details dienen der Bequemlichkeit des Fahrers. Auf Wunsch wird der UNIMOG gegen Mehrpreis mit vollsynchronisiertem Getriebe ausgestattet.

Erscheinungsjahr: 1958

Unimog-Spezial: Historische Prospekte

Erscheinungs-
jahr: 1960

Unimog-Spezial: Historische Prospekte

ZUGMASCHINE UNIMOG 406

Unimog mit Klappverdeck oder geschlossenem Fahrerhaus

Vielseitig verwendbares Universal-Motor-Gerät für Land- und Forstwirtschaft, Industrie, Gewerbe und für den Einsatz in Gemeinden und bei Lohnunternehmen. Seine wesentlichen Merkmale sind: Allrad-Antrieb auf vier gleichgroße Räder · Differentialsperre in Vorder- und Hinterachse · Geschwindigkeitsbereich: 0,03 km/h bis 65 km/h · Große Bodenfreiheit bei tiefer Schwerpunktlage · Gefederte Hinter- und Vorderachse · Teleskop-Stoßdämpfer · Getriebe- oder Motorzapfwelle hinten und vorn · Ölhydraulische Anlage für: Kraftheber hinten, Kipp-Pritsche und für Steckeranschluß vorn und hinten · Abnehmbare Hilfsladefläche, dreiseitig kippbar · Anbau und Aufbau zahlreicher Arbeitsgeräte.

Erscheinungsjahr: 1963

Unimog-Spezial: Historische Prospekte

Unimog U 120/425

Der große Unimog: Technik mit Zukunft

Erscheinungsjahr: 1974

Unimog-Spezial: Historische Prospekte

Unimog U 150/425

Straßenzugmaschine
DIN: 110 kW (150 PS)
SAE: 165 HP

Leistung
- Allradkonzeption
- 4 gleich große Räder
- Gewichtsverteilung: 60% vorn, 40% hinten
- Differentialsperre in beiden Achsen
- 150 PS 6-Zylinder-Dieselmotor

Nutzen
- große Nutzlast
- Höchstgeschwindigkeit 84 km/h
- 7-Gang-Getriebe

Sicherheit
- Sicherheitsfahrerhaus 3-sitzig*
- funktionsgerechter Arbeitsplatz
- hoher Fahrkomfort
- Scheibenbremsen an allen 4 Rädern
- Federspeicher-Feststellbremse
- hydraulische Servo-Lenkung

*Nicht in Grundausführung enthalten

Erscheinungsjahr: 1975

Unimog-Spezial: Historische Prospekte

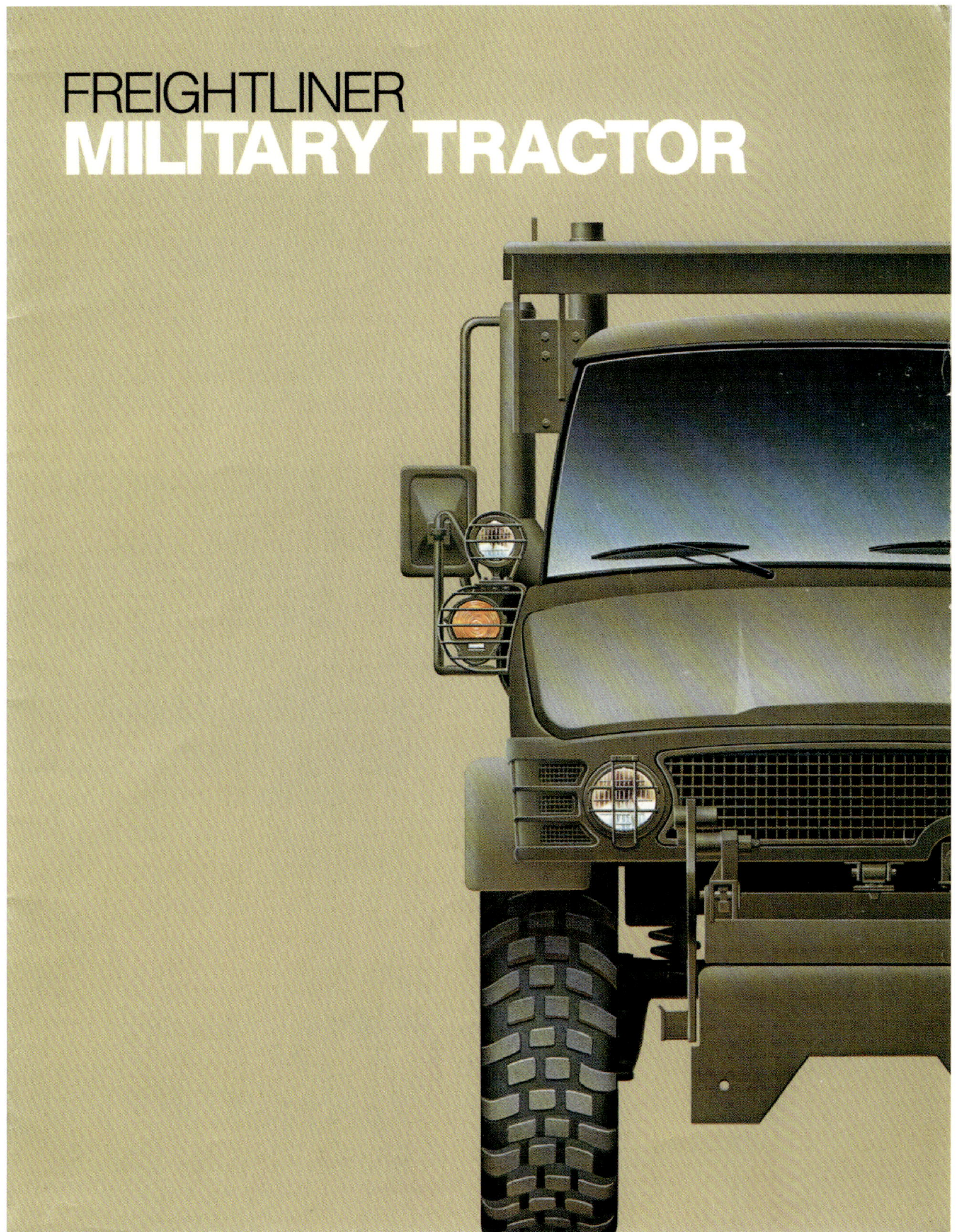

Erscheinungs-
jahr: 1988

Unimog-Spezial: Historische Prospekte

Technisches Konzept

Mercedes-Benz Unimog
U 1700; 1750
U 2100; 2150

Erscheinungs-
jahr: 1988

Zu Besuch im Unimog-Museum

Die über 75-jährige Geschichte des Unimog lässt sich am besten vor Ort erfahren: direkt in Gaggenau im Unimog-Museum. Dort kann man exklusiv viele Modelle bestaunen und an Führungen von fachkundigen Experten teilnehmen – auch an denen des Autors.

Das im Jahre 2006 im Gaggenauer Stadtteil Bad Rotenfels vom Unimog-Club Gaggenau e.V. initiierte und vom Museums-Verein gebaute Fahrzeug-Museum vermittelt den über 45.000 Besuchern pro Jahr die Faszination des Unimog und MB-trac. Es ist weltweit das einzige Unimog-Museum und es zählt mittlerweile zu den schönsten und innovativsten Fahrzeugmuseen in Deutschland. Im Museum werden Unimog und MB-trac entsprechend einer Zeitreise ab 1947 mit jeweils vielen Informationen ausgestellt. Hier findet der Besucher echte Raritäten und Highlights, wie etwa den Prototypen U 6 oder den Boehringer von 1949.

Nicht nur die »Unimog-Urväter« und die neuzeitlichen Fahrzeuge sind sehenswert. Das Unimog-Museum lädt mit Wechselausstellungen zu historischen sowie neuen Exponaten genauso wie zu themenbezogenen Ausstellungen (Beispiele: Unimog bei Feuerwehren oder Unimog auf Schienen) zum Besuch ein. Hinzu kommen viele Getriebe-, Motoren- oder Antriebsschnittmodelle. Einer besonderen Beliebtheit erfreuen sich zudem der Museums-Shop und der in der deutschen Museumsszene einmalige Außenparcours. Hier kann der Besucher während einer Geländefahrt in modernen Unimog alle Vorzüge des Allraders persönlich erfahren. In einem exklusiven Fahrertraining, das vom Unimog-Museum angeboten wird, kann der Gast einen Unimog selbst steuern und zusammen mit einem Trainer ein ganz besonderes Geländegefühl erleben. Der moderne Schulungs- und Veranstaltungsraum wird von Firmen, Verbänden und Vereinen aus ganz Süddeutschland benutzt. Seit einigen Jahren werden in der neu dazu gebauten Unimog-Werkstatt mehrtägige Kurse zur Fahrzeuginstandhaltung und Restaurierung für alle Baureihen angeboten. Kurse, die wegen ihrer Beliebtheit, oftmals ausgebucht sind.

Oben: Die kindgerechten Führungen (hier mit dem Autor) sind im Museum besonders beliebt.

Links beide Bilder: Im Außenparcours zeigt ein Unimog, was er kann.

Zu Besuch im Unimog-Museum: ... Salz in der Suppe

Schon sehr früh haben die Verantwortlichen und das Kuratorium erkannt, dass zusätzlich zu den Standardausstellungen noch Wechselausstellungen gehören. Dahinter stand die Frage »für was und für wen wurde der Unimog eigentlich gebaut«. Diese Fragen tangieren auch sehr stark den Inhalt dieses Buches. So entstanden die sehr beliebten Sonderausstellungen wie zum Beispiel: Der Unimog in der Landwirtschaft, Exoten und Sondermodelle, im Winterdienst, beim Militär, bei der Feuerwehr, im Gebirge, Weltenbummler, auf Schienen u.v.a.m. Anbei einige Fotos von dieser Erfolgsgeschichte, die letztendlich das »Salz in der Suppe« sind.

1 Erster Unimog-S von 1953.

2 Nachbau des Ur-Unimog, Prototyp Nr. 1.

3 Unimog S mit Holzvergaser.

4 Boehringer-Unimog in landwirtschaftlicher Ausführung.

5 Unimog UT 90 mit Kettenantrieb.

6 MB-trac Sonderausstellung am Museum.

Zu Besuch im Unimog-Museum: Das Unimog-Museum nach dem Umbau

Im Frühjahr 2021 fuhren die ersten Bagger aufs Gelände. Die zwei Jahre Bauzeit, mit immer wieder Verzögerungen durch Liefer- und Handwerkerengpässe und ungeahnten Kostenexplosionen in allen Gewerken, kosteten die Verantwortlichen schlaflose Nächte. Viele Unimog- und Museumsfreunde freuten sich daher umso mehr auf die Eröffnung am letzten Januarwochenende 2023.

Was die ersten Jahre noch vollkommen in Ordnung und sehr modern war, entpuppte sich vor einigen Jahren als immer größer werdendes Problem. Besonders ist dabei das Platzproblem für die Ausstellungsfahrzeuge zu nennen. Vieles im Museum war in die Jahre gekommen und daher veraltet. Bereits vor zehn Jahren dachte man daher im Kuratorium über einen Neubau nach.

Gesamtplan vom weltbekannten Architekturbüro Kohlbecker Neben einer anspruchsvollen und modernen Optik mit vielen heimischen Hölzern und mit einer Verdoppelung des Platzangebotes kann das umgebaute Museum nun sehr stark punkten. Der Zeit voraus ist die neue und hochmoderne Medientechnik. Mittels digitaler Stelen für die Exponate wird der Besucher durch das Museum geführt. Dazu kommen Großstelen mit detaillierten Einsatzinfos zum Unimog und MB-trac. Auf über 200 Quadratmetern wird im Neubau zusätzlich über die Geschichte ab 1894 bis heute zum Automobilbau in Gaggenau informiert. Für die größeren Kinder bringt die Digitalisierung des Museums mit der »Schnitzeljagd durchs Museum« einen unbeschreiblichen Freizeitspaß mit sich.

Oben: Erweiterungsbau mit 1.520 Quadratmetern.

Links: Die heimischen Hölzer verleihen dem Museum auch innen einen warmherzigen Charakter. Hier am Beispiel der rundumlaufenden Empore mit fast 970 Quadratmetern.

UNIMOG
SCHULUNG
mu se
UNIMOG Restaurant

Unimog-Museumsanlage von oben. Von links: Unimog-Werkstatt, historische Unimog-Schulung, Erweiterungsbau, bisheriger Museumsbau, Unimog-Parcours.

Zu Besuch im Unimog-Museum: Die Fahrzeuge im neuen Museum

Im Museum bekommt der Besucher die gesamte Produktionsbandbreite von 1948 bis heute zu sehen. Viele der Fahrzeuge sind Dauerleihgaben oder wurden ans Museum vererbt.

Hier wird die Historie einer Fahrzeuglegende lebendig. In diesem Museum wird Technik erlebbar und die Besucher erhalten einen umfassenden Überblick über die Entstehung und Entwicklung des »Kultfahrzeuges«. Im Fokus dabei der Unimog mit Anbaugerät.

Vorplatz als Visitenkarte für Sonderausstellungen. Der Erweiterungsbau (helle Holzfassade) passt sich vorbildlich in die umgebende Natur ein.

Dieser fünfzigjährige **U 421** in Straßenbauausführung verdiente früher sein Geld in den Münchener Stadtteilen von Bogenhausen über die Au bis zum Marienplatz. Das Fahrzeug ist voll funktionsfähig.

Präsentation von Fremdfertigungen. Diese Unimog 401, 402 und 411 (von links) haben ein Ganzstahlfahrerhaus der Firma Westfalia. Der U 401 war bei den Stadtwerken in Berlin und der U 402 bei der Feuerwehr in Klosters/Schweiz eingesetzt.

Dieser überdimensionale Unimog-Stammbaum von Buchautor Carl-Heinz Vogler hat die Funktion wie ein Inhaltsverzeichnis in einem Buch. Oftmals beginnen die Museums-Führungen an dieser Tafel und manch ein Besucher sucht darauf seinen eigenen Unimog.

Bild- und Grafikquellen

Die Informationen und Fotos zu diesem Buch stammen in erster Linie aus Unterlagen der Daimler AG, Daimler Truck AG und dem Daimler Archiv in Stuttgart. Aus dem Archiv der ehemaligen Unimog-Heft'l-Redaktion des Autors und aus privaten Archiven bzw. Sammlungen. Hinzu kommen Fotos und Texte vom THW Lahr, regionalen Feuerwehren, Feuerwehr-Aufbaufirmen wie Rosenbauer, Lentner, Henne und Schlingmann sowie SAR/DGzRS . Ergänzt wurden die Informationen aus den Unimog-Büchern des Autors, dem Unimog-Museum sowie dem Unimog-Club und Onlinequellen.

Legende:
41ure = Foto Seite 41 unten rechts, 80 = ganze Seite, 84re = Seite 84 Foto rechts, 84li = Seite 84, Foto links, 88oli = Seite 88 Foto oben links, Foto 92m = Seite 92 Foto Mitte, Foto 28oli (1) = Seite 28 oben links Foto 1, 101ml = Foto Seite 101 Mitte links

Airbus: 122u
ASB: 106
Armbruster Dirk: 80, 81, 82li, 84u, 88oli
Fa. Bleses/Köln: 57
Brammer/Berlin: 12u
Bühler Udo: 139, 140, 141
Carson: 87-2
Daimler Truck AG: 13u, 59, 66u, 72u, 85, 131
Daimler-Benz AG: 12, 15, 20u, 21uli, 22, 25m, 26, 27o, 29o, 30m, 38, 39, 42, 47, 48, 51ure, 54, 55, 59, 85, 86, 88u, 111, 112, 113, 124, 125, 126, 128, 132, 133, 134, 144 bis 150
Dörflimger Hannelore: 115o
Graf Helmut: 21o
Hegmann Hans-Peter: 153o, 154, 155
Fa. Henne / Fa. Lentner: 13ore, 43uli, 52, 53, 65u, 70, 71
Herpa: 87-5
Hornikel: 137-3
Kraus-Maffei-Wegmann (KMW): 116u
Kibri: 87-3
Lazzarini Claudio: 33ure, 57, 58, 137-4
Lunte Thomas: 21ure
Sammlung Maile Ralf: 31u, 32, 33oli, 41ure, 47re, 57m, 73oli, 73ure, 137-1, 137-5
Markdorf FF: 8
MARKENLADEN Werbeagentur /Bruchsal: 10, 11, 36
Metz/Rosenbauer-Karlsruhe: 22, 26
Minichamps: 74-2
Picture Allince, Christian Gorber: 61
Rolly Toys: 115u
Rosenbauer Karlsruhe GmbH: 1 Cover, 17ure, 24, 28ul, 28ure, 33ore, 44, 45, 48mre, 64, 65o, 67, 71u
Sammlung Vogler: Alle hier nicht aufgelisteten Fotos und Grafiken
SAR/DGzRS (Stipeldey Christian): 117 bis 123
Schlingmann GmbH: 68u, 69o, 69u
Schuco: 74-1, 102
THW Lahr (Jörger Stefan): 78, 88uli, 92, 93, 94 bis 100, Rückseite innen
Uhl Günter: 20o
Unimog-Club Gaggenau: 4, 8u, 13m, 16u, 18uli, 30u, 37, 51,1/3/4
Unimog-Museum Gaggenau: 10, 11,36, 129, 131
Wiking: 74-3, 74-4, 87-1, 87-4, 87-6
Ziegler: 59ure

Carl-Heinz Vogler

Carl-Heinz Vogler war nach seinem Studium der Fachrichtung Fahrzeugtechnik- und Fahrzeugstatik in Ulm/Donau und nach seiner Diplomarbeit beim schwedischen Lkw-Hersteller SCANIA ab 1974 bei der damaligen Daimler-Benz AG in Gaggenau beschäftigt.

Als Konstrukteur beauftragte ihn der damalige UNIMOG-Chef Heinrich Rößler im Team »MB trac« mit der Entwicklung des großen MB-trac-Fahrerhauses. Hinzu kamen Detailänderungen an den Baureihen 411, 421 und 406/416.

Über viele Jahre war Vogler als leitender Sicherheitsingenieur in der konzernübergreifenden Unfallforschung tätig. Diese Tätigkeit brachte ihn mit Verbänden wie dem VDA, VBG, DIN/EU-Normen und den deutschen Nfz-Herstellern in Arbeitskreisen zusammen.

Von 1993 bis 2011 war Vogler als Chefredakteur des Club-Magazins „Unimog-Heft'l" innerhalb des Unimog-Clubs Gaggenau beschäftigt. Ab dem Jahr 2009 brachte er bei GeraMond mehrere erfolgreiche Werke, wie zum Beispiel »Typengeschichte und Technik zum U 411«, »Typen-Atlas zum U 406«, »Unimog von 1946 bis 2021« sowie den Band »101 Dinge die man über den UNIMOG wissen muss«, heraus.

Für das Unimog-Museum in Gaggenau ist Vogler als Historiker und Kurator tätig.

Impressum

Verantwortlich: Lothar Reiserer,
Jerome P. Schäfer
Layout: Azurmedia, Augsburg

Repro: LUDWIG:media
Herstellung: Julia Hegele
Printed in Türkiye by Elma Basim

Bildnachweis Umschlag
Vorder- und Rückseite: Diverse
Bilder Umschlaginnenseite: Unimog-Bilder aus der Sammlung des Autors

Alle Angaben dieses Werkes wurden vom Autor sorgfältig recherchiert und auf den neuesten Stand gebracht sowie vom Verlag geprüft. Für die Richtigkeit der Angaben kann jedoch keine Haftung übernommen werden, weshalb die Nutzung auf eigene Gefahr erfolgt.

In diesem Buch wird aus Gründen der besseren Lesbarkeit das generische Maskulinum verwendet. Weibliche und anderweitige Geschlechteridentitäten werden dabei ausdrücklich mitgemeint, soweit es für die Aussage erforderlich ist.

Sind Sie mit diesem Titel zufrieden? Dann würden wir uns über Ihre Weiterempfehlung freuen. Erzählen Sie es im Freundeskreis, berichten Sie Ihrem Buchhändler oder bewerten Sie bei Ihrem nächsten Onlinekauf. Und wenn Sie Kritik, Korrekturen oder Aktualisierungen haben, freuen wir uns über Ihre Nachricht an GeraMond Media, Postfach 40 02 09, D-80702 München oder per E-Mail an lektorat@verlagshaus.de.

Unser komplettes Programm finden Sie unter

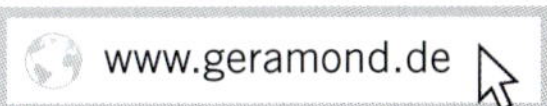

Die Deutsche Nationalbibliothek verzeichnet diese Publikation in der Deutschen Nationalbibliografie; detaillierte bibliografische Daten sind im Internet über http://dnb.d-nb.de abrufbar.

ISBN 978-3-96453-644-0

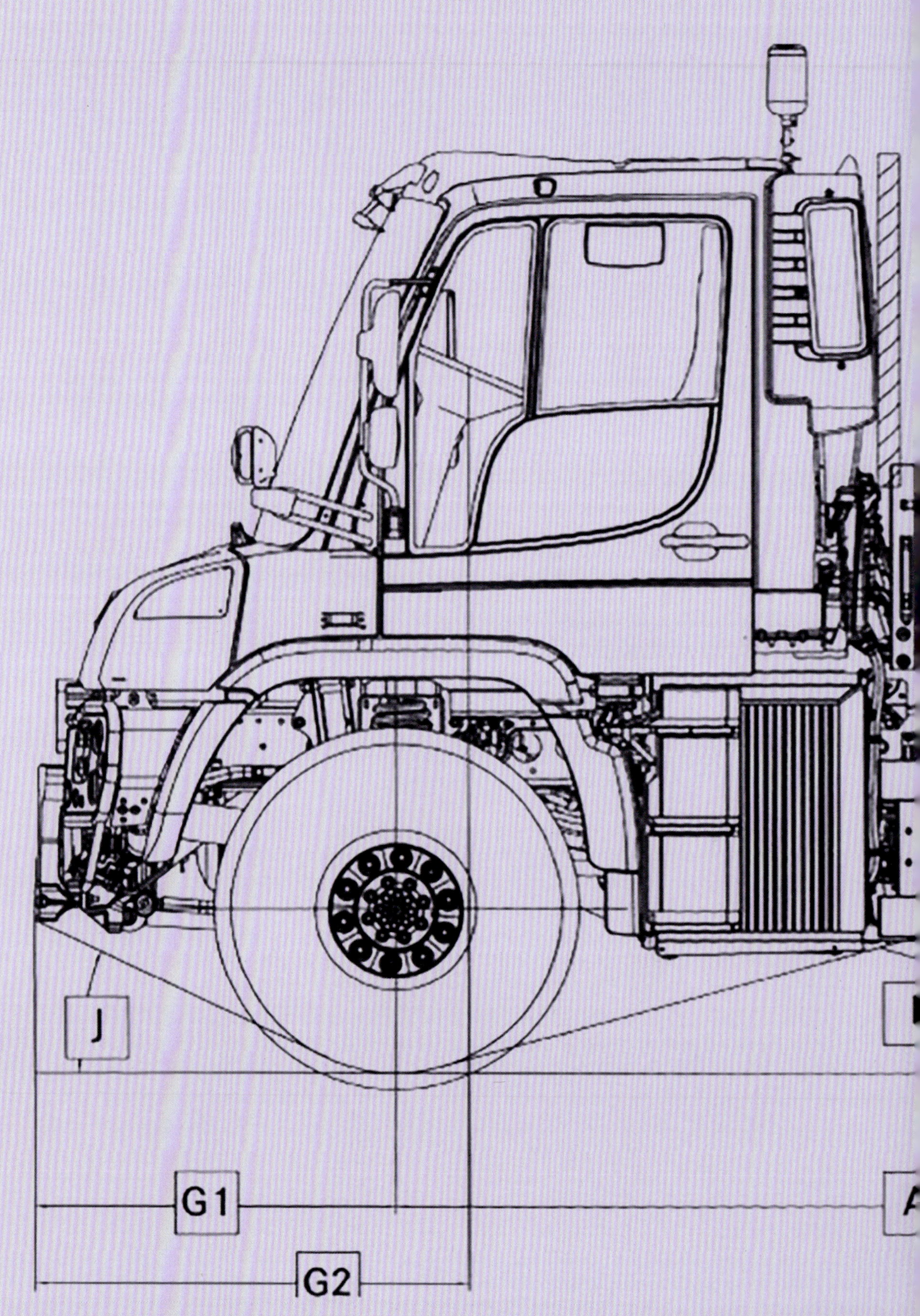
J
G1
G2